你所吃的苦，终将照亮未来的路

李超军◎编著

中国纺织出版社有限公司

内 容 提 要

曾经吃过的苦，是一生中必须经历的苦。不管生活如何艰苦，前进的脚步永远都不能停下，哪怕只有一个人，也要拥有抗争逆境的勇气和底气。而那些吃的苦，终将照亮未来的路。

本书列举了现代人在生活中所遭遇的困境和挫折，同时分析如何战胜那些逆境，才能让那些我们吃过的苦，成为未来的路。人生，吃苦一阵子是常态，但不会苦一辈子，最后那些所吃过的苦，终究是铺就了走向未来的路。

图书在版编目（CIP）数据

你所吃的苦，终将照亮未来的路 / 李超军编著. -- 北京：中国纺织出版社有限公司，2021.2

ISBN 978-7-5180-7429-7

Ⅰ. ①你… Ⅱ. ①李… Ⅲ. ①挫折（心理学）—通俗读物 Ⅳ. ①B842.6-49

中国版本图书馆CIP数据核字（2020）第079317号

责任编辑：张　宏　　责任校对：高　涵　　责任印制：储志伟

中国纺织出版社有限公司出版发行

地址：北京市朝阳区百子湾东里A407号楼　邮政编码：100124

销售电话：010—67004422　传真：010—87155801

http://www.c-textilep.com

中国纺织出版社天猫旗舰店

官方微博http://weibo.com/2119887771

三河市延风印装有限公司印刷　各地新华书店经销

2021年2月第1版第1次印刷

开本：880×1230　1/32　印张：7

字数：108千字　定价：39.80元

前言

没有多少人的人生是容易的，我们曾经吃过的苦，受过的累，总有一天，会变成生活对你的嘉奖。

正所谓“一份努力一份收获”，一个人的梦想在哪里，信念就在哪里。在前进的路途中，我们要努力活成自己想要的样子，让生活更丰富多彩。或许，前进的路途并不会太平坦，但跨越过最泥泞的路之后，路就会越走越宽。毕竟，人不会苦一辈子，只是会苦一阵子。所谓的困难，其实是困在家里万事都比较困难；而出路，只有出去走走才有出路。只要我们敢于吃苦，敢于闯荡，就会见到灿烂的阳光。

生活总有不容易的时候，不是每个人都可以一帆风顺，不是每一次成功都可以水到渠成。不经历风雨，又怎会见彩虹，不经历苦难，又怎么会顿悟人生。我们不能仅仅因为活着，就花光所有的力气，只要心中怀揣着希望，日夜兼程，不停止前进的脚步，最终就会走出一条属于自己的星光大道。

只有曾经饱受生活的磨难，才能学会笑对人生。对大多数人来说，生活就是一个无解的难题。我们所遭遇的事情，可能是亲人的生离死别、可能是意外的天灾人祸、可能是失恋或失业，沉重的生活负担、逼仄的环境，让我们夹杂在现实与痛苦中生存。生活的苦，普遍存在，人生也难免陷入困境，甚至是绝境。当我们跌落在命运的深渊，是选择坚强面对、寻找出路，还是选择怨天尤人、自甘堕落，这本身就是一次艰难的选择。

然而，那些曾经吃的苦不会就这样结束，它终将照亮未来的路。吃苦的尽头依然有路，苦的尽头依然是甜，只要我们不沉沦，不甘心失败，与命运作抗争，不停歇前进的步伐，在血与汗水中积累经验，在前进奔波中汲取智慧，在一次次经验中淬炼人生。只有在经历那么多苦难之后，我们才会更加懂得幸福的意义，才会显得更加豁达。

编著者

2020年9月

目 录

第1章
苦难越大，荣耀也越大

最初的人生是一张白纸，而挫折是白纸上的星星点缀，当你已经走完了你的一生，再回过头来，你会发现正是那些挫折才让你登上成功的顶峰，而你的人生也因为挫折而变得十分精彩。

人生的荆棘和坎坷，等着你跨过

人生的路途上永远不会是一帆风顺的，它总是充满了荆棘和坎坷，等着我们去跨过。如果你在人生的挫折面前选择逃避，那么你就永远错过了成功的机会。每个人要学会和挫折做朋友，当你把它当朋友的时候，你就会发觉它并没有那么可怕，你就会鼓起勇气去战胜它。

卡耐基在生活和工作中遭遇了很多挫折，但是他凭着顽强的精神斗志，每一次都能从挫折中站立起来，迈向新的生活。而实际上，卡耐基成功的历程就是战胜困难和挫折的历程。他在面对生活和工作的挫折的时候，并没有退缩，而是以一颗乐观的心去对待，他觉得正是因为挫折，他的人生才会取得如此巨大的成功，他的生活才充满了精彩。

卡耐基的课程受到了广泛的欢迎，也赢得了很高的声誉。但是并不是所有的人都认为卡耐基的课程是十分有效、实用的，在卡耐基课程不断发展的同时，也遭到了来自一些人的非议和责难。

戴尔·卡耐基在青年会夜校的课程非常紧张，他无心兼顾身外的任何事情，哪怕是路边的一个行人。于是，卡耐基把自己的全部精力投入到夜校里的“卡耐基课堂”，为了使自己的课堂有所创新，让自己的课程形成一个比较清晰的内容体系，他只能自己着手来策划，由于实在是很忙，所以有一个晚上就停课了。当时那些学生就不满了，闹到青年会的新主任那里。那位中年妇女主任，毫不客气地教育卡耐基："先生，你必须记着，你的课程，学生们并不怎么满意。你不能如此懒惰，不要以为你现在能拿到三十美元一个晚上就很了不起！明天，我就可以让你永远告别青年会。如果你不能勤奋地工作的话！"

面对这样的警告，卡耐基并没有生气。他只是平静地接受了因自己不上课导致学生不满的事实，他自己明白问题出在哪里，明白应该怎么办。后来当他再一次踏进教室开始讲课时，有学生公然指出："戴尔·卡耐基先生，你说的一切都与怎样演说无关，我们不需要心理医生，我们只要一位充满智慧的教师，而不是像你这样只会胡说八道。"下面的学生也开始吹口哨、拍桌子地闹了起来。卡耐基手足无措地站在那里，这时那位妇女主任来了，喝令卡耐基结束了青年会的授课。于是，卡耐基狼狈地离开了青年会，他心里明白除了接受既成事实以外，没有别的办法。可是他不甘心自己所试图创立的事业如此半途夭折。他开始到图书馆查阅一些资料，为自己的课程做些准备，后来他在一位朋友的帮助下重新开始了卡耐基课程。

每当卡耐基陷入了困境，他就想起了曾经使奥斯勒终身受益的一句名言："我们最重要的工作，并非在眺望遥远的、朦胧的事物，而是实行切近的、明确的工作。"虽然，卡耐基因为课程遭到非议，最终离开了青年会。但是，他用自己的能力克服了暂时的挫折，又通过他的课程确立了自己的事业，并且越干越好，最终走向成功之路。

或许在我们的日常生活中，也会遭遇一些挫折。这时候，你就要学会像卡耐基一样接受已经发生的事实，这是克服任何挫折的第一步，然后再寻找可以解决的办法，让自己从挫折中站立起来。

有的人时常在想，假如有一天我失去工作了怎么办？假如有一天我老了怎么办？假如有一天我失去健康了怎么办？假如有一天孩子不能成才怎么办？假如有一天所有的亲朋好友都对我不友好怎么办？我们暂且不说，那一天是否会到来。需要关注的是，你现在这样的担心只会让你陷入更严重的焦虑中。

人生中的挫折并不可怕，重要的是你是否有战胜它的信心。面对挫折，要用自己最美丽的笑容去征服它，你笑得愈灿烂，它就愈是怕你，当你自信满满地从它身边经过时，它就会不战而退。

有一天，当你回首往事，你会发现正是那些挫折才让你的人生丰满起来，让你的生活充足起来。人生不会因为挫折而一蹶不振，而是因为挫折，所有人生才充满了精彩。这是卡耐基的成功之道，也是每个人的幸福之道。

成大事者，先积累大量经验

西奥多·罗斯福告诉我们说：“经验是学费最贵的学校，但它是唯一可以学到东西的学校。”没有经历过风霜雨雪的花朵，无论如何也结不出丰硕的果实。温室的花朵注定要失败，成长的过程就是不断接受折磨的过程，学会感谢伤害过自己的人，才能真正领悟到成功的真谛。荀子说：不积跬步，无以至千里；不积小流，无以成江海。这句话是说想成就大事者，首先要积累大量的经验和知识。

但积累要有目的，有所选择，不能胡子眉毛一把抓。切忌像猴子一样见到香蕉丢了桃子，捡到西瓜丢掉香蕉，到头来竹篮打水一场空，什么也没捞到！更不可以三天打鱼两天晒网。积累需要耐心，需要有恒心！如果有始无终则不能有所作为，由此可见，猴子想吃饱，必须积累食物，才能为下面的生活做好铺垫，如不积累果实，怎样填饱肚子呢？又怎样有力气再去找食物呢？所以生活必须要重在积累。

有个渔夫有着一流的捕鱼技术，被人们尊称为“渔王”。依靠捕鱼所得的钱，“渔王”积累了一大笔财富。然而，年老的“渔王”却一点也不快活，因为他三个儿子的捕鱼技术都极其平庸。于是他经常向人倾诉心中的苦恼：“我真想不明白，我的捕鱼技术这么好，我的儿子们为什么这么差？我从他们懂事起就传授捕鱼技术给他们，从最基本的东西教起，告诉他们怎样织网最容易捕捉到鱼，怎样划船最不会惊动鱼。他们长大了，我又教他们怎样识别潮汐、辨别鱼汛……凡是我多年辛辛苦苦总结出来的经验，我都毫无保留地传授给他们，可他们的捕鱼技术竟然赶不上技术比我差的其他渔民的儿子！”

一位路人听了他的诉说后，问：“你一直手把手地教他们吗？”

“是的，为了让他们学会一流的捕鱼技术，我教得很仔细、很细心。”

“他们一直跟随着你吗？”

“是的，为了让他们少走弯路，我一直让他们跟着我学。”

路人说：“这样说来，你的错误就很明显了，你只是传授给了他们技术，却没有传授给他们教训，对于才能来说，没有教训与没有经验一样，都不能使人成大器。”

是啊，渔夫的儿子从来都没有经受一点挫折的折磨，他们怎么会获得成长呢?

一个人应该能够通过自己的错误认清自己。所谓的成长，往往首先指的就是一个人能够通过自己的错误吸取教训、获得经验，从而在将来不再犯同样的错误。每个人都有缺点，所以，每个人都会苦恼地发现自己经常犯相同的错误，所谓的“好了伤疤忘了痛”。不过，也不必因此过于烦恼，因为不是所有的错误都是致命的，甚至有些错误，犯了就犯了，也没什么大不了——比如，你总是忘了在睡觉之前把电脑关掉。

然而，有些错误却是不应该再犯的，例如，浪费时间。一旦你意识到你刚刚犯了个不可饶恕的错误，为此懊恼却大可不必，因为懊恼、后悔从来都不解决问题。

真正有意义的时间投资是这个：拿出纸笔，记录你的错误——分析你犯错的原因，尝试着找出将来避免这个错误的方法。这里的关键在于，你一定要把刚刚这些思考记录下来，每隔一段时间重新温习并整理。如果，你观察一下身边的人，你就会发现，竟然有很大比例的一部分人，他们在他们的整个人生过程中，甚至连自省都没有学会。他们甚至不承认自己的错误，就算承认，其解决方案不过是给自己寻找无数的借口而已。

没有正确的积累，哪来的成就、有所作为，所以说，积累就像滚雪球，越滚越大，不滚就化。就让我们像草原狼一样持之以恒的积累经验，也能像雄鹰一样积累能量，一飞冲天，等待机会，扑向理想的猎物，享受成功带来的喜悦！

与磨难不期而遇，请不要调头或逃跑

百糖尝尽方谈甜，百盐尝尽才懂咸。当我们笑谈生死时，我们是否真正懂得看破的意境，当我们妄言快乐时我们在生活中是否已然背起足够的痛苦。人生因充满坎坷的经验才变得多姿多彩。也许我们都不欢迎磨难的到来，但当他与你不期而遇时，请不要掉头或转向。磨难是一个魔鬼，一旦他看上你，就会对你穷追猛打，不舍不弃。选择躲避甚至逃跑的人，只会被他欺负得更加悲惨。

有一天，一位少年求佛者，自觉已看破红尘、放下一切，便历经千辛万苦找到了一个隐于深山之中的寺院，求见方丈想要出家。他觉得只有深山之中的寺院才能真正洗去城市繁华和浮躁。见了方丈之后，方丈问少年：做和尚要独守孤灯，终身不娶，你能做到吗？少年斩钉截铁地说能。方丈又问：做和尚要每日三餐粗茶淡饭，粗衣薄挂夏热冬寒，你能忍受得了吗？少年又斩钉截铁地说能。方丈又问：做和尚要无欲无求、无怨无恨，不问恩情，不记仇恨，无论任何时候都要心如明镜不染尘埃，你能做到吗？少年还是斩钉截铁地说能。方丈又问了少年一些关于佛法方面的东西，少年都能一一作答。但最后方丈还是把少年送走了，在把极度失望的少年临送下山的时候方丈送给少年一句话：未曾拿起莫谈放下，当你真正拿起时，你再回来告诉我你还能不能放得下。

对于少年来说，精彩的人生才刚刚开始，他所经历过的，只是人生的一个短暂的片段，由此就总结自己对待人生的态度，甚至妄谈生死，看破红尘，不免太过偏激。没有经过生活又怎会理解生活的艰辛，没有经过真正的痛苦又怎会懂得选择快乐的角度。

凡成大事者，必须经得起磨难的历练，经得起失败的打击，成功需要风风雨雨的洗礼，一个有追求、有抱负的人，总是视挫折为动力，有一句话说的好：“能受天磨真铁汉，不遭人嫉是庸才。”所以说：磨难对于天才是一块成功的跳板，对强者是一笔宝贵的财富。而对于弱者，就是使之坚强的臂力器，磨难是一所包罗万象的大学。

曾有人说：成功的人生是痛苦与失败的交织，是磨难与顺利的交替。卓越的人生从卓越的目标开始，卓越目标的背后必然是充满荆棘和坎坷的路。经受了荆棘的刺痛和坎坷的摔打，追求成功的意志才会坚强起来，经验是人生不可多得的宝贵财富，拥有了这笔财富，就没有什么困难不能克服，没有什么曲折可以把人击倒。丰富的人生历练是走向成功的奠基石。

挫折隐藏着宝贵的经验和信念

爱默生曾说：“每一种挫折或不利的突变，是带着同样或较大的有利的种子。”在失败的背后，往往隐藏着宝贵的经验与信念，事实上，失败是一笔不可缺少的财富。虽然，我们在遭遇挫折、面临失败的时候，都会产生一定程度的负面情绪，但是，如果自己长期深陷其中而不能自拔，失败就会成为你的代名词。

美国著名心理学家贝弗利·波特认为，当一个人在工作中的失败感大于他所取得的成就感时，就很有可能对自己的工作失去热情，而当这种失败感以一定的频率固定出现的时候，他就很容易对自己的工作产生倦怠。面对失败，我们需要做的并不是自甘堕落、自暴自弃，而是不断积累失败的经验，让失败成为一笔财富。

莎士比亚曾说：“逆境使人奋进，苦尽才能甘来。”在人生道路上，成功没有巅峰，追求没有止境，短暂的荣誉往往会束缚着人们前进的手脚，一时的辉煌往往会消减人们的斗志。而失败，让人痛心更催人奋进，既让人难堪更让人坚定，让人们在放弃时能鼓足勇气，想逃避时拾起自尊。失败是成功的前奏，失败是一笔财富，失败能够使人不断地反省自己，在逆境中奋进，在低谷中抓住机遇，不断冒险与尝试，最后采摘成功的果实。

和田一夫21岁那年，自己经营的一家位于静冈县热海家的蔬菜水果店被一场大火烧毁，和田一夫几乎失去了所有，但是，失败并没有让他放弃希望，他将烧成平地的100坪土地拿去做抵押，借钱买了块300坪的土地盖了一个超级市场，开创了日本八百伴。超级市场在和田一夫的经营下，发展越来越好，这时，和田一夫想带着自己的超级市场进军亚洲，而新加坡成为了进入亚洲的起点。

1972年，和田一夫和日本野村证券公司第一次考察新加坡市场，然而，就在新加坡，他碰到了两件令自己苦恼的事情：

由于新加坡租金太贵，完全超出了自己的预算。在新加坡期间，和田一夫无意中听到一位的士司机告诉他一段日本杀害新加坡的国仇家史。对此，和田一夫说：“对日本百货公司来说，20世纪70年代是一个必须面对历史的时代。”回到日本后，和田一夫告诉了董事们这两件事，结果董事们纷纷表示反对投资新加坡。但是，和田一夫明白“零售业成功的因素是要消费者口袋里装着钞票”，于是，在20世纪70年代初期，和田一夫在新加坡开辟了第一个亚洲市场。1976年，受世界石油危机的冲击，巴西八百伴被迫关门。通过这次教训，和田一夫领悟到：不该死守一个地方，要大胆调动资金，分散资产。紧接着，八百伴从东南亚“流通”到了中国。20世纪80年代末期至90年代初期，整个亚洲经济处于全盛时期，和田一夫的八百伴集团在16个国家拥有了400多间百货公司，八百伴集团坐上了世界零售业第一把交椅。

1997年，和田一夫在日本负责掌管日本八百伴公司的弟弟，因被指控欺骗日本财政部而被法庭判定有罪，当时也判定和田一夫结束所有海外企业，回日本受审。当时，日本媒体称和田一夫将资金调动到中国，拖累了日本八百伴。顿时，一夜之间，和田一夫变成了一个连累八百伴股东和员工的罪人。这时，和田一夫做出了决定，宣布“自我破产”，交出所有财物，向企业界告别，搬到一个租来的房子里。

如今，和田一夫成立了“和田一夫企业咨询公司”，他的日常工作就是用电脑给许多企业家回答问题，为企业团体作演讲。同时，他以探讨自己的失败撰写了《从零开始的经营学》，这本书成为了日本经典著作之一。对此，和田一夫这样说："失败是我的财富，我想将这个企业咨询网络像当年八百伴一样伸展到亚洲，甚至全世界。"

杰出的音乐家贝多芬在与外界声音隔绝之后，坚持音乐创作并获得了巨大的成功；只受过三年正规教育，被老师认定是一个智力迟钝的学生——爱迪生，在经过不懈的努力之后，他成为了最伟大的发明家之一。

失败并不可怕，只要你在失败中不断地积累经验，终究能将失败变成财富。遭受失败并不可怕，关键是用积极的心态来面对。只要我们能改变心态，把每一次的失败都当作考验自己的机会，把它当作超越自己的一次机遇，那么，我们就不会沉浸在痛苦里，甚至感谢失败让我们看清了真相，获得了经验。失败会让人变得成熟，它是人生的一笔宝贵财富。

日本著名实业家原安三朗曾说："年轻时赚一百万的经验，并不能成为将来赚十亿元的经验，但损失一百万的经验，倒可以培养赚十亿元的经验，逆境是锻炼人才最好的机会。"一个不能认识和接受失败的人，也无法看清楚成功的本质，从失败的教训中学到的东西，往往比成功中学到的还要深刻。成功，总是在经历多次失败之后才姗姗来迟，正确面对失败，才是走向成功的重要素质和能力。

寻求真正意义上的正义

“钟声响起归家的讯号，在他生命里，彷佛带点唏嘘，黑色肌肤给他的意义是一生奉献， 肤色斗争中，年月把拥有变做失去，疲倦的双眼带着期望，今天只有残留的躯壳，迎接光辉岁月，风雨中抱紧自由，一生经过彷徨的挣扎，自信可改变未来，问谁又能做到，可否不分肤色的界线……”当耳边想起这首歌，我们就会想起为正义奉献一生的南非总统——曼德拉。1990年8月3日到6日，黄家驹从巴布亚新几内亚之行回来之后，创作了《光辉岁月》这首歌，以这首歌向黑人领袖曼德拉致敬，歌颂他伟大而辉煌的一生，充分表达了自己对种族歧视的厌恶与憎恨。曼德拉就像是正义的化身，在这40年来，他获得了超过一百项奖项，其中最显著的是1993年的诺贝尔和平奖，他还被选为最伟大的南非人。

曼德拉是家族中唯一上过学的成员，当他9岁的时候，父亲死于肺结核。因为父亲的地位，他被指定为王朝的继承者。曼德拉的童年是在学习中度过的，这为他后来终生的理想打下了基础。

1944年，曼德拉参加了主张非暴力的南非非洲国民大会。1948年，曼德拉开始积极投身政治，并在1952年的非国大反抗运动和1955年的人民议会中起到了领导作用。1952年底，曼德拉成功地组织并领导了“蔑视不公正法令运动”，赢得了全体黑人的尊敬。

1958年9月2日，亨德里克·弗伦施·维沃尔德出任南非首相，其于执政期间出台了“班图斯坦法”，此举将1000余万非洲黑人仅仅限制在12.5%的南非国土中，并且同时在国内实行强化通行证制度，此举激化了南非黑人与白人的冲突，最终导致了沙佩韦尔惨案的发生。

1960年3月21日，南非军警在沙佩维尔向正在进行示威游行的五千名抗议示威者射击，惨案共导致了69人死亡，180人受伤，曼德拉也因此被捕入狱，但是最后通过在法庭辩论上为自己的辩护，而无罪释放。

1961年，他领导罢工运动，抗议和抵制白人种族主义者成立的“南非共和国”，此后转入地下武装斗争。曼德拉创建了非国大军事组织“民族之矛”并任总司令。他曾秘密赴国外访问，并出席在亚的斯亚贝巴召开的反非自由运动大会，呼吁对南非实行经济制裁。

1962年8月，在美国中情局的帮助之下，曼德拉被南非种族隔离政权逮捕入狱，当时政府以“煽动”罪和“非法越境”罪判处曼德拉5年监禁，自此，曼德拉开始了他长达27年的“监狱生涯”。

1962年10月15日，曼德拉被关押到比勒陀利亚地方监狱。在那里，曼德拉为了争取自身利益而遭到单独关押，关押时间一日长达23小时，每天只有上午和下午各半个小时的活动时间。在单独关押室中没有自然光线，没有任何书写物品，一切与外部隔绝。最终，曼德拉放弃了自己的一些权利，他希望能够与他人交流。

1964年6月，南非政府以“企图以暴力推翻政府”罪判处正在服刑的曼德拉终生监禁，当年他被转移到罗本岛上。罗本岛是1960年代中期到1991年那段时间内南非最大的秘密监狱，岛上曾关押过大批黑人政治犯。曼德拉在罗本岛的狱室只有4.5平方米，在这里他受到了非人的待遇。罗本岛上的囚犯被狱卒们逼迫到岛上的采石场做苦工。在岛上，曼德拉希望监狱方面同意他在监狱的院子里开辟出一块菜园，监狱方面多次拒绝，但是最终还是同意了曼德拉的要求。

1982年，曼德拉离开了罗本岛，他被转移到波尔斯摩尔监狱。自此，曼德拉结束了自己在罗本岛长达18年的囚禁。他在这里也开辟了一片菜园，并且种了将近900株植物。

南非在实行种族隔离后期那段时间内，受到了国际社会的严厉制裁，这一切最终导致南非于1990年解除隔离，实现民族和解。

1990年2月10日，南非总统德克勒克宣布无条件释放曼德拉，1990年2月11日，在监狱中度过了27年的曼德拉终于重获自由。出狱当日，他前往了索韦托足球场，向12万人发表了他著名的“出狱演说”。1990年3月，他被非国大全国执委任命为副主席、代行主席职务。

1994年4月，非国大在南非首次不分种族的大选中获胜。5月9日，在南非首次多种族大选结果揭晓后，曼德拉成为南非历史上首位黑人总统。

曼德拉是南非第一位黑人总统，他同南非种族隔离制度进行了几十年不屈不挠的斗争，赢得了全世界人民的支持和喝彩。因此，有人说，曼德拉已经成为一个时代的象征。曼德拉的反抗精神、对正义和理想的追求在童年时期就已初露端倪。曼德拉出生在一个小村庄，9岁那年父亲就去世了。从小曼德拉就经常目睹当地大酋长在解决部落争端过程中被白人政府的法律所约束，他逐渐萌发了寻求正义和平等的理想。年纪更大一些后，他多次领导同学抗议学校的白人法规，甚至因领导学生运动而被除名。在一次次的“斗争”中，曼德拉逐渐立下志愿：要为南非的每一个黑人寻求真正的公正。

对于南非人而言，曼德拉就是正义，因为正义是为大多数人的利益着想的。为了推翻南非白人种族主义统治，曼德拉进行了长达50年艰苦卓绝的斗争。最终，从阶下囚一跃成为南非第一任黑人总统，为新南非开创了一个民主统一的局面。纳尔逊·曼德拉是20世纪90年代非洲乃至世界政坛上一颗最耀眼的和平主义者。他领导的非国大在结束南非种族主义的斗争中发挥了非常重要的作用。最终当选为南非历史上第一位黑人总统，享有崇高的声誉，被誉为“全球总统”。

试着接受这个世界的不公平

社会是不公平的，我们要试着接受它。尽管我们主张追求公平与正义，不过，凡事都没有绝对。而在这个世界没有绝对的公平，假如真的绝对公平了，反而会是另外一种不公平。从一个人呱呱坠地出生，就有很多的不公平，有可能是出生背景不同、家庭关系不同、受教育程度不同，这些对我们而言都是一种不公平。面对这样的情况，如果我们处处较真，抱怨上天对我们的不公平，那只会让自己陷入一个痛苦的怪圈。有时，最让我们感到心里不平衡的，那就是从前跟我们在一个水平线上的人，今天突然之间变得比我们优秀了。别人做事情总是处处顺利，而自己则是处处碰壁。每天我们为了生存，不得不努力地挣扎着，以争取属于自己的那片天地。但在很多时候，我们努力了，却没有得到期望的结果。这时不要怨天尤人，我们需要平静地面对这个世界，因为在这个世界没有绝对的公平，我们只求心灵平衡。

一个人活着，他就注定了有机遇、有坎坷、有欢乐、有痛苦，即便我们付出了所有的精力和心血，都不会换来公平的待遇。在生活中，有的东西既然别人得到了，我们就不要再去争，这样只会徒劳无益；假如自己得到了，那就好好珍惜，别人也不会轻易就能剥夺你的所有。在这个世界上，从来都是一份耕耘，一份收获，有所失才会有所得，只有有了对生活、对工作的付出，才有可能得到期望的回报。在生活中，有的人比较幸运，他可以利用身边可以利用的一切资源，很快地过上了令人羡慕的生活，而有的人，需要认清生活中存在的不公平，把自己的劣势变成自己努力奋斗的动力，发挥自己的长处，寻找一切机会，坚持自己想干的事情，这样才可以扭转所谓的不公平。

有这样两个渔人，一起出去捕鱼。

他们来到河边，两人捕了很多的鱼。在分鱼的时候，两人发生了争执，都说自己分少了，对方分多了。没有办法，他们决定在河边挖一个水坑，暂时把鱼放在里面，回家去拿秤来重新分配。可是等他们回来的时候，水坑里的鱼却早已经从里面跳出来，游进了河里。他们感到十分懊恼，互相埋怨对方。

在这时，他们听见了野鸭的叫声，决定去捕野鸭。正当他们接近野鸭准备射击的时候，其中一个人说："先别忙，咱们先说好野鸭怎么分配，免得又让野鸭跑了。"于是，两人为分配的事情又争吵了起来，他们争吵的声音惊动了野鸭，野鸭马上就飞走了，可两人仍在那里争吵不休。

在生活中，我们经常也会遇到这样的事情，本来彼此之间合作得很好。但双方都在计较公平分配，结果，已经到手的利益竹篮打水一场空，谁也没拿到好处。经常会有这样一些人，当事情还没办成的时候，就为了计较彼此之间的公平而在分配上争吵，而争吵的结果就是所办的事情不了了之。其实，在许多小事情上，绝对的公平是不存在的。重要的是，我们要善于从长远利益出发，所谓小不忍则乱大谋，切忌处处较真，斤斤计较。

在生活与工作中，经常可以听到有人这样发泄："这简直太不公平了！"这是一种经常可以听见的抱怨，当我们感到某件事不公平的时候，必然会把自己同另外一个人或另外一群人进行比较，我们会想：他比我得到的多，这就很不公平。如果你越是这样较真，那你就越是觉得自己是最不公平的。

凡事只要我们无悔地付出，至于结果怎么样，不要太在意，我们只求自己心灵的平衡。付出过、努力过、拼搏过，那就无怨无悔。对于生活中的许多事情，不要太去计较不公平的待遇，而只求得内心的安慰就可以了，这样我们才无愧于心。

做那个使自己命运辉煌的人

从罗尔斯的正义论，我们可以得到这样的启示：即使我们的生活是不公平的，但我们一样可以扭转这种态势，缔造属于自己人生的辉煌。在生活中，所谓的强者是什么？真正的强者不是凭借着各种资源努力向上爬的人，而是缔造自己辉煌命运的人，他们虽然遭遇了生活的不公平待遇，但依然可以冲破重重阻碍，最终采摘成功的果实。

对于前者而言，他走的路会相对平坦一些，而对于后者，他的每一步都需要付出很多才能达到自己的目标。对此，不管我们是属于前者，还是后者，只要我们相信自己，也一样能缔造出命运的辉煌。

杰克·韦尔奇出生在一个典型的美国中产阶级家庭，父亲在铁路公司工作，每天早出晚归，因而，培养孩子的任务就落在了母亲的身上。与其他母亲不太一样，她对韦尔奇的关心更注重在提升他的能力和意志上。母亲是一位十分权威的人，她总是让韦尔奇觉得自己什么都能干，教会韦尔奇独立学习。每当韦尔奇的行为有所不妥，母亲总是以正面而有建设性的意见唤醒他，促使韦尔奇重新振作，母亲虽然话不是很多，但总令韦尔奇心服口服。

母亲一直保持着这样的理念：坦率的沟通、面对现实、主宰自己的命运。她将这三门功课教给了韦尔奇，使得韦尔奇终生受益。母亲告诉韦尔奇："要掌握自己的命运就必须相信自己能缔造出命运的辉煌。"

韦尔奇到了成年以后还是略带口吃，但是母亲安慰韦尔奇："这算不了什么缺陷，只不过思维比开口快了一些。"正是母亲给予的这份自信，让口吃不再成为阻碍韦尔奇发展的绊脚石，而且成为了韦尔奇骄傲的标志。美国全国广播公司新闻部总裁迈克尔对韦尔奇十分钦佩，甚至开玩笑说："他真有力量，真有效率，我恨不得自己也口吃。"

韦尔奇的中学成绩应该可以进美国最好的大学，但是由于种种原因，他最后只进入了麻州大学。刚开始，韦尔奇感到十分沮丧，但进入大学以后，他的沮丧变成了幸运。他后来回忆这段经历，这样说道："如果当时我选择了麻省理工大学，那我就会被昔日的伙伴们打压，永远没有出头的一天。然而，这所较小的州立大学，让我获得了许多自信，我非常相信一个人所经历的一切，都会成为成功的基石，包括母亲的支持、运动、上学、取得学位，虽然我天生口吃，但我相信我一样可以缔造出自己辉煌的命运。"韦尔奇的大学班主任威廉这样评价他："是他的双眼，他总是表现得很自信，他痛恨失败，即使在足球比赛中也一样。"1981年，韦尔奇成为了历史上最年轻的CEO，他是通用电气公司董事长。而自信成为了通用电气的核心价值观之一，韦尔奇这样说："我相信命运的辉煌可以靠自己来创造。"

戴高乐将军曾说："眼睛所看到的地方，就是你会到达的地方，唯有伟大的人才能成就伟大的事，他们之所以伟大，就是因为他们决心要做出伟大的事。"生活中，像韦尔奇一样有口吃毛病的人很多，但像他一样成功的人却很少，为什么呢？因为大多数的口吃者都在为上天的不公平而抱怨，他们浑然忘记了，即便自己是一位口吃者，但命运的辉煌完全是可以靠自己创造的，除了口吃，自己与其他人并无区别。

或许，在命运的一开始，上天发给我们的并不是一手好牌。但是，如果我们能保持良好的心态，相信自己即便是一手烂牌，也可以玩得漂亮，这在牌桌上叫牌品，在生活中叫做信念。与其花时间去计较上天给予的不公平待遇，不如花心思玩好自己手中的一副烂牌。

我们的命运都掌握在自己手中，如果我们想让命运绽放出如烟花般灿烂的辉煌，那完全在于我们自己的努力，而不在于上天的恩赐。假如我们较真，那就较真自己是否努力过，是否拼搏过，只有真正地努力、拼搏之后，我们才能缔造出自己命运的辉煌。

第2章

最寂寞的时候，熬下去

人生最难的不是决定是否要坚持下去，而是战胜在坚持路途中的寂寞。拼搏的过程是痛苦的，也是最寂寞的时刻，这时需要强大的毅力支撑自己走下去。如果我们想要赢得成功，那就需要在最寂寥的时候，努力熬下去。

从顺境中找到阴影，从逆境中找到光亮

易卜生：“不因幸运而固步自封，不因厄运而一蹶不振。真正的强者，善于从顺境中找到阴影，从逆境中找到光亮，时时校准自己前进的方向。”挫折与失败最能考验人的意志，也最容易让一些人胆怯、恐慌、生气和抑郁。

其实，每个成功者都曾经历过失败，只是他们用自信心和坚强的意志战胜挫折迎来成功。可以说，成功者大都是经历失败最多、受挫最重的人，他们在不能坚持的时候，心里疲惫时选择了等一下、再等一下，最终迎来了风雨之后的彩虹。

从前，有一位老婆婆在屋子后面种了一大片玉米，长势喜人。很快秋天到了，到了玉米丰收的季节，地里一片金黄，颗颗饱满的玉米棒彼此拥挤着，都希望自己能被主人相中。其中，一个颗粒饱满的玉米说道：“收获那天，老婆婆肯定先摘我，因为我是今年长得最好的玉米！”

但是，到了收获那一天，这个颗粒饱满的玉米等了很久，老婆婆并没有把它摘走。不过，这个玉米并没有失望，它自我安慰：“明天，明天她一定会把我摘走！”第二天，老婆婆又收走了其他一些玉米，但依然没有摘走这个玉米。

乐观的玉米难掩失望的表情，不过它勉强安慰自己：“明

天，老婆婆一定会把我摘走！”但是，从此以后，老婆婆再也没有来过。直到有一天，玉米真的绝望了，原来那饱满的颗粒变得干瘪坚硬。

没有想到的是，就在这时，老婆婆来了，她一边摘下这个玉米，一边说：“这可是今年最好的玉米，用它作种子，明年肯定能种出更棒的玉米！”干瘪的玉米笑了，它终于等到了希望，明年自己将儿女成群。

或许，你一直都很自信，不过接连的失败和挫折会让你泄气、信心动摇，甚至自暴自弃。不过，即便是在这样的境地，也需要给自己加油，或许再坚持一下，成功就会来了。

你是否有耐心在这种绝望时再等一下，哪怕再等一下！偶尔的困难与挫折是生活中不可避免的常事，任何的抱怨与难过都毫无用处。所以，我们需要做的，就是乐观地坚持自己的生活。当别人都放弃的时候，依然坚持不懈，直到成功的那一天。

面对同样的一件事情，不能坚守、不会选择、不懂思考便不会有所成就。很多人在本该放手一搏的时候，却犹豫彷徨。不愿意再试一下，不想再付出看似多余的努力，而去贸然地选择一条看似明智的路，最终的结果只是在一再地变换自己的目的地，就连上帝也被你弄得晕头转向，不知道该把金子放在哪里。

爷孙俩一起上山砍树，“山顶的树不仅粗壮，而且夯实，用它们来打家具，非常牢固。”爷爷一边锯树，一边解释道。“同样一种树，为什么山顶的粗壮，山脚下的细小呢？”孙子打破砂锅问到底，爷爷停下手中的活，揩了揩额角上的汗珠，不温不火地指了指山北方向，问：“你看，山北边有什么？”孙子顺着爷爷手指的方向看了看，眼前一片空旷，极目远眺，好像是天的尽头。于是摇头回答说：“什么都没有啊！”爷爷很肯定地接过话茬：“有，而且很大，那是从遥远的北方刮来的风和西伯利亚刮来的寒潮。”爷爷一手叉腰，一手远指，犹如一位哲学家。

“这和风与寒潮有什么关系呢？”孙子大惑不解。“当然有关系，长年经历风吹雨打的树木，生命力极强，根系特别发达，那么它从泥土中吸取的养分就充足，因此，长得也特别粗壮。”说着，爷爷转过身指了指山南的山脚，继续说道，“你再看看那些树，背后有大山抵御风和寒潮，很少受自然界侵袭，从树枝到根系都得不到锻炼，长得也就瘦小脆弱。若用它们来打家具，不仅易折易裂，而且易受病虫腐蚀。”

听完爷爷的讲解，孙子恍然大悟。于是，在山顶英雄般地立下豪言壮语：“我长大了一定做棵山顶上的大树。”爷爷听后，摸摸他的头，爽朗地笑了。

德迈斯特说：“成功的秘密在于知道怎样等待。”大家知道织锦是怎么做成的吗？是时间和耐心把桑叶变得如云霞般美丽。没有播种就没有收获，我们必须耐心地、满怀希望地长时间等待，才可以尝到最甜的果子。

所以，在你坚持不住时再坚持一下，在绝望时再坚持一下，希望和成功将会一起到来。

生活本身是由无数个目标组成的，亦是由无数个对目标的等待组成。不管是成功还是幸福，都不会一下子来临，这期间的等待是必然的。一旦我们煎熬不住缺乏耐心的时候，成功也会随之而去。

要想成功，就必须等待，而且要学会等待、善于等待，再坚持一下，再等一下，说不定就有奇迹出现。成功前的等待是煎熬的，忐忑不安、渴望成功、又担心失败，这期间的情绪是复杂的。但是，不管多么煎熬，请对自己说：再等一下！

在忍耐中等待命运转折的时机

常言道："小不忍则乱大谋。"在成功之前，我们往往需要忍耐长时间的寂寞和时光。生活中的每一个人，不管是谁，在人生中难免会深陷逆境，却一时又无力扭转面临的逆境，那最好的选择就是暂时忍耐，因为事情总是在不断变化，一旦时机到了，那成功就是指日可待了。所谓"忍一时风平浪静，退一步海阔天空"，学会在忍耐中等待命运转折的时机。但凡成大事者，必定能忍得一时之辱，容得一时之痛。

忍耐是一种品质、一种精神，更是一种成熟、一种理智，因为忍耐，在磨难挫折面前坦言豁达而不灰心丧气，它似乎可以给人生一种奋进的力量，在布满荆棘的道路上，在变化莫测的航行中，忍耐给予的生命光芒在信念中闪烁。

当然，等待并不是坐在那里默默地忍受一切，而是从心里上接纳所面临的事情。当生活中的挫折与困难迎面而来的时候，暂且不去下判断，不论遇到多么大的事情，最好暂时忍耐一下，也许到了下一刻钟事情就会有所转机，或许有了解决问题的办法。

王明是一位留美的计算机博士，毕业之后，他打算在美国找工作。拿着自己的各个证书，以及一些在学校所获得的奖章，四处奔波找工作。可是，两三个月过去了，他还是没有找到合适的工作，因为几乎他所选择的公司都没有录用他，而那些愿意录用他的公司却又是自己瞧不上的。他没有想到，自己堂堂一个博士生，居然沦落到高不成低不就的尴尬处境。思前想后，他决定收起自己所有的证书与奖章，以一种最低的身份前去求职。

没过多久，他就被一家公司录用为程序输入员，这份工作相当简单，对一个博士生来说简直就是大材小用。但王明并没有抱怨什么，即使是最简单的工作，他依然干得一丝不苟。这样干了一个多月，上司发现他能迅速看出程序中的错误，这可是非一般的程序输入员相比的，这时候，王明拿出了自己的博士证，上司对他的能力有了全面的认识，毫不犹豫地重用了他。

当王明陷入了找工作的困境，他放弃了自己的所有证书，以一个最普通的人去应聘，并获得了一份工作。我们可以想象，一个有着博士学历的人，委身于一个普通的职员，那该是多么的隐忍。但王明忍耐了下来，他在等待机会，终于，老板开始发现他的能力，渐渐地重用他，最终他获得了自己应有的位置和价值。

韩信是淮阴人，还未成名的时候，他只是一个平民百姓，贫穷、没有好品行，不能够被推选去做官，也不做买卖维持生活，经常寄居在别人家里吃闲饭，因此受到人们的嫌弃。他曾多次前往下乡南昌亭亭长处吃闲饭，并在那里连续吃了好几个月，亭长的妻子很嫌弃他，就提前做好了早饭，端到内室的床上去吃。开饭的时候，韩信去了，却不给他准备饭菜，韩信也明白他们的用意，一气之下，就告辞而去，不再回来。

有一次，韩信在城下钓鱼，有几个老大娘在漂洗涤丝绵，其中一位大娘看见韩信饿了，就拿出饭给韩信吃。几十天都这样，给韩信送来饭菜，直到这位大娘将所有的涤丝绵都漂洗完了。韩信感到很高兴，对那位大娘说：“我一定重重地报答您老人家。”大娘生气地说：“大丈夫不能养活自己，我是可怜你这位公子才给你饭吃，难道是希望你报答吗？”

还有一次，淮阴屠户中有个年轻人侮辱韩信说：“你虽然长得高大，喜欢带刀佩剑，其实是个胆小鬼罢了。”又当众侮辱他说，“你要不怕死，就拿剑刺我；如果怕死，就从我胯下爬过去。”于是，韩信打量了他一番，低下身去，趴在地上，从他的胯下爬了过去。满街的人看见了，都嘲笑韩信，认为他胆小。

后来，韩信先是跟随项羽，后追随刘邦，成为刘邦麾下的杰出大将，回忆之前的胯下之辱，那不过是忍辱负重，这样才有了后来功成名就的韩信。

或许，别人都耻笑韩信懦弱，但韩信本人却不以为耻。实际上，韩信当时绝不是不敢刺他，而是因为韩信胸怀大志，不愿与小人多生是非，如果一剑将那个屠夫刺死了，自己难以逃脱。因此，他甘受胯下之辱，他知道“小不忍则乱大谋”的道理，暂时忍受时光的煎熬，等待一个可以施展自己一身才华的机会来临。

等待不是软弱，反而是一种大度。等待也并不是妥协，而是一种胜利。在生活中，学会审视一下自己，要学会等待和忍耐，这样会让生活变得更加轻松。

当我们前行的时候，需要放下重负

曾经有位哲人说：“当我们需要前行的时候，需要放下重负，让自己的心变得轻盈，这样才能更好地前行。”重负，有可能是我们的心灵上的包袱，也有可能是我们肩膀上的负重，但不论是哪里存在的负担，这都将阻碍我们继续前行，甚至会让我们身心疲惫不堪。

在人生的道路上，有的人因为负荷太重而步履维艰，有的人因为欲壑难填而疲于奔命，有的人因为深陷其中而难以自拔。

小宋从小就喜欢画画，拿着笔把墙上、报纸上涂画得五颜六色，妈妈看见了，就把他送到了美术班里学习。长大后的小宋更加喜欢绘画了，高考那年，他费尽口舌说服了妈妈，让自己报考美术学院。在大学里，小宋描画着自己的蓝图，他会坚持下去，通过画画挣钱来让妈妈幸福。

大学毕业后，小宋开始找工作了。他整天奔波于各家报社，希望能够成为报社的一名美术编辑，可是，各家报社的总编都以种种理由拒绝了他的求职申请。在多次碰壁之后，他绝望了，本来希望通过自己的一技之长来给妈妈幸福的生活，却发现社会根本没有自己的容身之地，养活自己已经很困难了。在现实的残酷打击下，他开始愈加颓废了，妈妈心疼地说："你既然那么喜欢画画，不如自己开一间画室吧。"小宋听了，觉得心里很难受，当初是想通过找份工作继续自己的绘画创作，现在却需要自己的这份才华去养家糊口。这样一种矛盾的心情让小宋觉得自己身上好像背负了一块大石头。

思索了很久，小宋决定放下心中的重负，自己开一间画室。于是，他向亲戚朋友借了十几万，再加上妈妈的积蓄，他开了一间属于自己的画室，既教小朋友画画，又出售自己的作品。几年之后，小宋的画室成为了这个城市有名的美术培训学校，他不仅还清了所有的欠债，还拥有了自己的房子、车子和存折上不小的数字，当初给妈妈许下的承诺也实现了。他每天教画之余，用心地钻研自己的作品，也逐渐提高了自己的绘画水平，在美术界里，也成为了小有名气的画家。

对于绝大多数人而言，面对沉重的负荷，以及自己梦想得到的东西，他们无法放手，他们会本能地抓住那些东西，唯恐失去。在难以割舍之下，如果真的失去了，他们就会为得不到而烦恼，郁郁寡欢。小宋适时放下心中的重负，既解决了眼前的生活问题，又为自己实现梦想奠定了基础。

曾经有位哲人说：当我们无法得到的时候，放下也是一种智慧。生活中需要我们坚持的东西太多，以至于我们承受不了现实给我们的压力，那么不妨学会放下一些东西，这是一种生存的智慧。因为只有放下了某些东西，你才会重新得到一些东西。

曾经有个人，他总埋怨生活的压力太大，生活的担子太重，他试图放下担子。他觉得很累，压得他透不过气来。他听人说，哲人柏拉图可以帮助别人解决问题。于是，他便去请教柏拉图。柏拉图听完了他的故事，给了他一个空篓子，说："背起这个篓子，朝山顶去。可你每走一步，必须捡起一块石头放进篓子里。等你到了山顶的时候，你自然会知道解救你自己的方法。去吧！去找寻你的答案吧……"于是，年轻人开始了他寻找答案的旅程！

刚上道，他精力充沛，一路上蹦蹦跳跳，把自己认为最好的、最美的石头，都一个一个扔进篓子里。每扔进一个，便觉得自己拥有了一件世上最美丽的东西，很充实，很快乐。于是，他在欢笑嬉戏中走完了旅程的1/3。可是，空篓子里的东西多了起来，也渐渐重了起来。他开始感到，篓子在肩上越来越沉。但他很执著，仍一如既往地前进。

而最后一个1/3的旅程确实是让他吃尽了苦头。他已经无暇顾及那些世界上最美丽、最惹人怜爱的东西了。为了不让沉重的篓子变得更重，他毅然舍弃了这些，只是挑选了些非常轻的、非常需要的或是必不可少的东西放进篓子。他深知，这样的舍弃是必要的。然而，无论他挑多轻的东西放入篓子，篓子的重量也丝毫不会减少，它只会加重，再加重，直到他无力承受。但最后，他还是背着篓子，艰难地踏上了这最后的1/3旅程。

俗话说："远路无轻物。"在人生的道路上，如果我们需要负重前行，越行越远的时候，我们会感到举步维艰，虽然会抱怨自己怎么会选择了这么多东西，但还是不舍得放手。但直至终点，打开担子，我们才发现：那些曾经我们以为得不到的东西，现在对我们而言却是无用的东西。

有时候，心灵的重负才是真正阻碍我们前行的绊脚石，如果我们总是较真于内心，无法放下某些欲望，那我们是难以保持轻松的姿态前行的。因此，不要较真于自己的内心，让不堪重负的心灵变得轻盈起来。

如果你想要所走的每一步充实而轻盈，那么，适时放下一些重负，让自己的人变得轻盈，这何尝不是一个可行的办法。生命如舟，载不动太多的物欲和虚荣，假如你不想在这生命之舟搁浅或者沉没，那就应该放下重负，让自己轻松前行。

完美是一座宝塔，只能远远望着

追求完美，似乎是每一个人的梦想，在生活中，他们总是在追逐完美，在这样追逐的过程中，无数的烦恼困扰着他们，愤怒、生气，越是较真，越是觉得心很累。或许，在任何人的心中，完美都是一座宝塔，我们可以在内心里向往它、塑造它、赞美它，却不能把它当作一种现实存在，这样只会让我们陷入无法自拔的矛盾之中。在某些时候，我们应该放下苛刻，别被不真实的完美压垮。

有个学生在课堂上向沙哈尔提问道："请问老师，您是否知道您自己呢？"沙哈尔心想：是呀，我是否知道我自己呢？他回答说："嗯，我回去后一定要好好观察、思考、了解自己的个性、自己的心灵。"

本·沙哈尔教授回到家里就拿来了一面镜子，仔细观察着自己的外貌、表情，然后来分析自己。首先，沙哈尔就看到了自己闪亮的秃顶，想："嗯，不错，莎士比亚就有个闪亮的秃顶。”随后，他看到了自己的鹰钩鼻，心想：“嗯，大侦探福尔摩斯就有一个漂亮的鹰钩鼻，他可是世界级的聪明大师。”看到了自己的大长脸，就想：“嗨！伟大的美国总统林肯就是一张大长脸。”看到了自己的小矮个子，就想：“哈哈！拿破仑个子就很矮小，我也是同样矮小。”看到了自己的一双大撇撇脚，心想：“呀，卓别林就是一双大撇撇脚！”

于是，第二天他这样告诉学生：“古今国内外名人、伟人、聪明人的特点集于我一身，我是一个不同于一般的人，我将前途无量。”

或许，在别人看来，本·沙哈尔的长相既不出众，更算不上完美，但是，他很会欣赏自己。怀着这一份自足常乐的心态，他将自己身体的每个部分都与名人、伟人、智者扯上了关系，那么，即使自己的五官不是完美的，但是，自己一定是一个前途无量的人。本·沙哈尔不再苛责，因此他收获了一份最简单的快乐。

每个人的一生中总会经历不同的坎坷或挫折，没有一个人可以保证他就是完美无缺的。上帝对于每个人来说都是公平的，他给予了你一样东西，肯定会拿走另一样东西，关键是你如何去看待生命里的缺憾。

一个失意的人找到了智者，他向智者诉说着自己的遭遇和无奈，哀叹道：“为什么在我的生命里总是找不到绝对的完美呢？”智者沉思了许久，说道：“可能是你自己对这个世界苛责太多，所以，烦恼才会找到你。”说完，智者舀起了一瓢水，问失意者：“这水是什么形状？”失意者摇摇头：“水哪有什么形状？”智者不语，只是将水倒入了杯中，失意者恍然大悟：“我知道了，水的形状像杯子。”智者没有说话，又把杯子里的水倒入了旁边的花瓶，失意者悟然：“我知道了，水的形状像花瓶。”智者摇摇头，轻轻拿起了花瓶，把水倒入了盛满沙土的盆里，水一下子溶进了沙土，不见了。智者低头抓起了一把沙土，叹道：“看，水就这么消逝了，这也是人的一生。”失意者陷入了沉思，许久才说道：“我知道了，你是通过水来告诉我，社会处处就像是一个个不规则的容器，人应该像水一样，盛进什么样的容器就成为什么形状的人。”

智者微笑着说：“是这样，也不是这样，许多人都忘记了一个词语，那就是滴水穿石。”失意者大悟：“我明白了，人可能被装于规则的容器，但也能像这小小的水滴，滴穿坚硬的石头，直至突破，我们要像水一样，能屈能伸，不能要求多么规则的容器，而是需要做到既能尽力适应环境，也要保持本色，活出自我。”智者点点头，说道：“当你不再较真，放下了心中的苛求，你会发现，任何事物都是完美的，自然，你也就获得了久违的快乐。”

生活的快乐在于简单，生命的美丽在于真实，纵然有诸多缺憾，但是，它却是无法复制的无与伦比的美丽。不必较真，不必苛求，没有必要去追求一些不真实的完美，因为美丽的事物总会伴随着一些缺憾。

追逐完美，本身就是一种苛责的生活态度，为了达到心中完美的目的，人们苛责自己、苛责他人，苛责一切的人和事。在现实生活中，所谓的“完美”终究伴随着缺憾，即使自己努力苛责，那些人和事依然达不到绝对的完美。在这个世界上，本来就没有绝对完美的事物，如果我们一味地将追求完美的茧一层一层地套在身上，那么，最终，我们也会死在这重重的包裹之中。

一个人不能在自我怜悯中空虚的度日，最重要的是，我们不应该事事较真，而是学会珍惜眼前的幸福。智者说：“追求完美是人类正常的渴求，同时，却也是人类最大的悲哀。”对于我们而言，应该放下内心的苛刻，放弃追逐完美的诉求，最终拥抱简单的快乐。

调剂生活，不断充实自己

生活本是一张白纸，需要你自己拿着画笔，一笔一划地勾勒出美丽的风景；生活本是一杯白开水，需要你自己往里面增添甜蜜、幸福、悲伤，调制出五味俱全的味道。许多人对生活充满了抱怨，总是觉得自己每天除了工作就是睡觉，已经丧失了最初的激情；有的人总是为柴米油盐酱醋茶而担忧，日子过得拮据而无味，生活让他看不到任何希望。

现实生活中的人们，忙着上班、忙着挣钱、忙着照顾家庭。在忙碌的生活中，他们抱怨着、哭诉着，却不愿清醒着。其实，生活本身没有对与错，而是在于你的心态、你的生活方式。对于那些心态乐观，懂得享受生活的人，每天都是充满阳光的。所以，我们要学会为自己忙碌的生活营造一些小情调，调剂生活，更是充实自己，丰富心灵。

生活中的小情调并不是什么昂贵的奢侈品，它就如同蒙蒙细雨，从天上屈尊到地上，滋养着忙坏了的人，使他们每一个日子都是那么丰盈而充满意蕴。情调就是人与生俱来的情致，是骨子里最温柔的情结，是他们通过自己的感官享受和体验生活的一种方式。平淡的生活充满了枯燥、倦怠的气息，压力让我们喘不过气来，其实，这时候需要我们给自己留一点时间，为乏味的生活营造一些小情调。生活越是忙碌，越是枯燥，越需要情调。情调在一定程度上为自己减轻压力，消减负荷，让我们烦闷的心情得到放松得到释放，让我们重新体会到生活的美好。

王姐是个精明能干的人，曾经在好几家大型公司当过副总，MBA学位，美丽、漂亮、优雅！她之前有段短暂的婚姻，一年之后就因为性格不和而离婚了。离婚后，她把心思都投入到工作上去，日子虽然过得很忙碌，但是她的生活却很小资情调，没事就学学插花、看看电影，那份闲情逸致，让身边的朋友羡慕不已。

王姐出生在一个富商之家，从小耳熏目染，骨子里喜欢有情调的生活。虽然长大后的她，整日处于很忙碌的状态。每到休息之余，她又会想起自己那情调的生活来。在不上班的时候，她就喜欢逛花市，一逛就是一上午，每次回家，不是手捧一把鲜花，就是提一盆花。除此之外，她还经常去学习插花，在老师家里一呆就是一下午。如今，她的插花技术日益长进，哪怕是一个很粗糙的瓶子，凭着她的心灵手巧，美丽和诗情就出现在眼前了。

对于每一个生活忙碌的人来说，情调并不是什么奢侈品，也不需要我们花费多大的精力。当你周末无聊的时候，窝在最心爱的沙发里，翻着一本心怡的书，泡上一杯沁香的玫瑰花茶，这时候，生活的情调就会慢慢萦绕在你身边，牵动你内心最柔软的部分。生活需要情调，而情调也充斥着生活的每一个角落，只是需要你去发掘它们，并弹奏出最优雅的调子。

情调就如同生活的调味品，为你的生活增添别样的味道，使你的生活不至于单调乏味。在更多的时候，它只是一种愉悦的心情，那就是在微雨的天气，故意把雨伞收进包里，独自走在大街上，感受细雨的朦胧、细雨的浪漫，那份怡然自得，也就是情调；在寂静的夜晚，迷人的灯光，穿上最美丽的衣裳，浅浅啜饮，品尝红酒的魅惑；夏日的午后，独自倚着窗，凭栏眺望，佳人品佳茗。情调，其实就暗暗隐藏在我们生活的每一个角落，需要我们于细微处去发现，用心去体味。

通常一曲节奏明快、悦耳动听的音乐，会让我们内心的不快烟消云散，乐而忘忧。当音乐如流水一般缓缓而来，体内的神经体液系统处于最佳状态，从而达到调和内外、协调气血通行的效果，达到消乏、怡情、养性的目的。

有人把绘画、练书法比作气功锻炼，因为练书法和绘画都要求必须平心静气、全神贯注、排除杂念，这与气功是有异曲同工之妙的。而且，当练书法和绘画的时候，需要讲究姿势，这不仅可以排解内心的不快，也可以令人保持一种平和的情绪。

一般而言，适合垂钓的地方大部分在郊外，常常到郊外走走，本身就是一种身心释放。而且在水边湖畔，空气异常清新，负离子含量高，令人感到悠游自得，心旷神怡，能起到减压、减轻疲劳的作用。

养花不但能供人欣赏、美化环境，更令人赏心悦目，而且花香更让人痴醉。鲜花释放的花香，可以通过人的嗅觉神经传入大脑后，令人气顺意畅、血脉调和、怡然自得，产生心情愉快的感觉。

根据研究发现，即便是慢步舞，其能量消耗也使人处于安静状态下的3~4倍。当然，跳舞时为了与音乐协调，必须全神贯注，集中音乐和舞步中，加上轻松愉快的音乐伴奏和迷人灯光的衬托，这是一种美的享受。

近几年，旅行已成为减压和疗伤的代名词。旅游可以使人饱览大自然的奇异风光和历史、文化、习俗等人文景观，令人获得精神上的享受。当然，置身在异域风景中，呼吸新鲜空气，让身心来一次任性的出行，更令人感到放松。

我们要学会为自己的生活营造一些小情调。说到底，情调就是一种生活的态度、一种平和的心态、一份闲情雅致、一份优雅情怀。

找心理咨询师聊聊，度过那段艰难时光

据美国《赫芬顿邮报》报道，在生活中，每个人都有充满压力、悲伤、痛苦和矛盾的时候，如果你的心理已经出现一些问题，但你自己难以排解，就应该考虑一下是否应该寻找心理咨询师了。事实上，每个人在人生的不同阶段都可能遇到瓶颈，这时候找一位能懂你的人聊聊，会更容易度过这段艰难的时光。那么，我们如何找到懂自己的那位人呢?

从来访者的角度而言，当自己需要帮助的时候，最好选择声誉好的专业机构。显而易见，有些心理机构和心理咨询师是不合格的，尽管他们有国家证书，也会充满热情地帮助你，不过从专业角度看，这种热情是他们在初期阶段所犯下的错误。

当我们在向心理咨询师求助前，需要多方打听，最好是通过已经接受过这个咨询师帮助的来访者了解。此外，你虽然是求助者，但并非是心理不健康，也不要把咨询师当神仙，因为成功地解决问题并非只需要咨询师的专业技术，更需要来访者

的努力和积极配合。

那么，如何挑选适合自己的心理咨询师呢？

我们所需要的心理咨询师并非是日常生活中所认为的心理学工作者，真正的心理学工作者整天研究动物，研究数字，他们的成果应用在无数的行业，尽管他们的工作非常有价值，但他们并非是心理咨询师。所以，我们寻找的是一个接受过系统训练、专门从事临床心理治疗的心理咨询师。

心理咨询是一个人与人面对面交流的过程，从这个角度而言，如果我们不喜欢这位咨询师，那就不会倾心地讲述自己的故事了。尽管咨询的本质殊途同归，不过心理咨询师也常常分为不同流派，用些互相之间听不懂的语言，用着大不相同的方法来帮助来访者。那么，我们在开始咨询之前，有必要、有权利选择自己的咨询师。

在心理咨询过程中，咨询师才是最终促使治疗产生作用的工具。那就意味着来访者需要与咨询师建立一种信任的关系，这样才能毫无保留地呈现自己的所有，而咨询师会更加了解来访者，从而更利于判断问题的根源。假如来访者最初就不信任这个咨询师，那你对其没有多大的信任，那咨询也不会产生太大的作用。

在咨询开始之前，我们需要尽可能多地了解这个咨询师，包括对方的年龄、性别、职业经历，对人和生活的态度，甚至外貌。在此之前，你可以浏览对方的微博、博客，接触对方相关的信息。因为你所接触的是这个人，至于他有什么样的影响力、拿过什么样的证书、有怎样的专业背景，那只是从其专业角度而言。当然，了解他详细的信息，并非打探对方的隐私。

通常的咨询是每周例行见面一次，固定时间地点，每次50~60分钟。当然，具体情况不一样，时间和频率也是不一样的，对于来访者自身问题较为严重的，开始时一周两次见面，稳定后每周见一次，咨询结束之后可能会降低见面频率；若是家庭治疗，咨询师在咨询之前会主动告知时间为60~90分钟。当然，对于一些咨询师总是以各种理由增加费用，这是完全不负责任的心理咨询师，大可不必理会，或直接换掉。

咨询真正开始发生作用的时候，是在你和咨询师之间，建立足够安全的咨访关系，你开始能够将自己的心门打开，咨询师才有机会通过你们之间建立的关系，开始给你真正的陪伴、支持和疗愈。

由于两人单独共处一室，安全问题，其实是双向的。假如咨询室不是设置在医院、学校、公共写字楼等地方的话，需要注意安全。通常咨询师为了保护自己，在接待室会安排人员等待，以防突发事件。但是对于来访者，你若觉得咨询室“锁门”不安全，你完全可以坦言希望只关门不要锁门。好的咨询师能够理解，若确实觉得人身不安全，马上离开，保护自己最重要。

你可以放弃不合适的咨询师，不过别放弃求助。因为就好像谈恋爱一样，无论咨询师多优秀，都会有不适合他的来访者。更何况咨询师的状态是鱼龙混杂，你可能会遇到不靠谱的咨询师，也可能遇到很优秀但并非适合自己的咨询师。不过，即便他不适合你，但请别放弃求助，你肯定会找到合适的心理咨询师。

第3章

拼搏苦一阵子，安逸苦一辈子

每个人都面临着两个选择，或是生活在安逸的当下，不做任何改变；要么就奋发向上，拼搏一阵子。两个不同的选择，往往会导致不同的结果。如果我们选择拼搏，只是会苦一阵子；如果我们选择安逸，那必然会苦一辈子。

积极的心态，会让幸福触手可及

心理暗示在日常生活中随时随地都可以看到，它是用含蓄、间接的方式对人的心理状态产生影响的过程。一般而言，暗示又分为他人暗示和自我暗示，当遭遇不公平待遇时的积极心理暗示是一种自我暗示，即自己把某种观念暗示给自己，并使它实现为动作或行为。自我暗示的作用是巨大的，不仅能影响自己的心理与行为，而且能影响到我们的生理机能。另外，只有积极的心理暗示才能起到增进和改善的作用，反之，消极的暗示能扰乱我们的心理、行为以及人体的生理机能。当你习惯地想那些快乐的事情，你的神经系统就会习惯地令自己处在一个快乐的心态，这时你会发现幸福是触手可及的。

积极暗示心理学家马尔兹说："我们的神经系统是很'蠢'的，你用肉眼看到一件喜悦的事，它就会做出喜悦的反应；看到忧愁的事，它就会做出忧愁的反应。"于是，积极的暗示产生积极的心态，消极的暗示产生消极的心态，对我们自己来说，尽量避免运用消极的暗示。

如果你能感恩于生活，那你会发现幸福其实很简单，它近得触手可及。在这个物欲横流的时代，你拥有多少金钱并不能说明你有多幸福，你拥有多高的社会地位与权势并不能证明你比他人更幸福。每天，只要我们能给予自己这样的心理暗示，那就意味着自己是幸福的。

在生活中，我们常常会感到悲伤、烦闷，总是认为幸福是一种奢侈品，难以把握。其实，只要我们学会了积极的心理暗示，那幸福是触手可及的。

习惯于幸福的人会在每天对自己说："今天的天气真好，一切都会顺利的。"而不幸的人会说："今天一切又不会顺利。"有时候，幸福对于我们来说只是一种选择，谁也不能决定你的幸福，只有你自己。

幸福隐藏在琐碎的事情之中，就如同点点粉末洒在日常事物之中，当我们的眼光太过于高远，就看不见那些随处飞扬的尘埃。所以，别计较太多，如果我们每天都在细数着自己身边的幸福，那么，幸福的指数就会一直上升，最终成为一种习惯，伴随我们左右。

为什么生活越来越富裕，收入越来越高，人们却感觉不到幸福呢？幸福课教授本·沙哈尔对此提出了自己的看法：因为人们常常被"幸福的假象"所蒙蔽。本·沙哈尔说："我们所处的社会环境和文化背景是这样的：假如孩子成绩全优，家长就会给奖励；如果员工工作出色，老板就会发奖金。人们习惯性地去关注下一个目标，而常常忽略了眼前的事情，最后，导致终生的盲目追求。"其实，我们生活的过程就是一个营造幸福的过程。

有时候，我们只看到生活的某个角度，自然会觉得自己是不幸福的，这是我们忽略了生活带给我们的多面性。

当我们可以全面地看待生活的时候，我们才能铸就幸福。幸福就是真实、快乐地生活着，这看起来更像是一种生命的精神状态。

A先生今年40岁，拥有一家公司，家里有位美丽贤惠的妻子和一对可爱的儿女。身边的一些朋友都羡慕他，他也曾满足过，但渐渐地他越来越感觉不到幸福的滋味了。每天，他都在想要是多挣一些钱，让自己和家人的后半生没有后顾之忧就好了，如果碰上了经济危机，生意不好做怎么办？自己和家人的生活失去了保障该怎么办？

案例中的这位先生，他这样的生活状况，在外人看来是幸福的，但他自己却感觉不到幸福的滋味了。因为每天他都在想生活中让自己担忧的一面，却忘记了家里美丽贤惠的妻子和一对可爱的儿女，因为缺少对生活全面的看待，他无法体会到幸福的感觉。

在生活中，我们常常自以为怎么样才是最好的，但往往事与愿违，使我们意不能平。

其实，不管我们处于什么样的境地，我们应该相信，目前我们所拥有的，不论是顺境还是逆境，那都是对我们最好的安排。假如真的是这样，我们才能更全面地看待生活中的苦与乐，也才容易感受到幸福的滋味。

若心生不满，那就从此刻开始改变

英国著名作家奥利弗·哥尔德斯密斯曾说：“与抱怨的嘴唇相比，你的行动是一位更好的布道师。”与其抱怨，不如从此刻开始行动。面对生活里的一丁点不如意，人们最普遍的习惯是抱怨，不停地抱怨，抱怨父母不理解，抱怨社会太现实，抱怨朋友的欺骗，于是，抱怨成为了一种习惯，然而，那些不如意的事情、悬而未决的事情并没有得到真正的解决，自己的情绪反而因为抱怨而陷入了恶性循环，这就是抱怨所带来的负面影响。我们所生活的世界每天都在发生变化，关键的是，我们自己为这个世界带来了什么样的变化？

对于大多数人来说，每天所做的最多的事情就是抱怨这样或那样，这些情绪会逐渐形成负面的改变。对此，心理学家认为，学会关注他人、尊重他人，为其提供礼貌、周到的服务，则会造成积极的改变。所以，停止抱怨，将这样一种怨气付诸于实际行动，从此刻开始改变吧！

有时候，我们在工作中会遇到一些人际麻烦，有的人处理方式是跟其他人抱怨，这无疑是制造了一个“三角问题”，自己和工作搭档有问题，却和另外一个人去讨论这些事情。事实证明，一味地抱怨根本解决不了问题，改变事情现状最有效的方式是改变，而只有行动才能改变事情。所以，请停止抱怨，放弃抱怨，从此刻开始行动吧！

什么是抱怨呢？有人说这是一种宣泄，一种心理平衡，似乎抱怨可以将那些不如意的事情发泄出来。每天，每个人可能都会面对许多不如意的事情，如果只是一时的抱怨，这还可以接受，但是，有时候，抱怨久了就会形成习惯，而抱怨的根源是对现实的不满意。一个人来到这个世界上，面对生活中的诸多不如意，我们只有两个选择，要么接受，要么改变。

阿尔伯特·哈伯德曾说："如果你犯了一个错误，这个世界或许将会原谅你，但如果你未做任何行动，这个世界甚至自己都不会原谅你。"抱怨，它只是一种语言而不是行动，当一个人过多地被语言困扰的时候，他会失去行动力。当然，将抱怨转化为动力，我们还需要拥有广阔的胸襟，只有看透了抱怨的实质，我们才有可能将怨气化为动力。

抱怨成为了接受事实的一个阻碍，我们总是想到：这件事对我是不公平的，这样的事情怎么会发生在我的身上呢？我怎么能接受这样的事情呢？所以，一种强烈的倾诉欲望开始萌发，我要去对别人诉说，以此证明我的无辜和委屈，于是，在我们抱怨的时候，我们已经失去了去改变这件事情的机会。那么，当我们无休止抱怨的时候，有没有想过比抱怨更好的解决方法呢？

生活中总会有一些愤青，他们不断地抱怨上天的不公平，生活的不公正，其实，这些人一直在喋喋不休地抱怨着，那是因为他们无力扭转什么。成功只会垂青那些积极主动的强者，只要你敢于担当，勇于接受来自生活的挑战，那么，任何艰难险阻都会变成平坦的道路。对于一个强者来说，任何事情他们都会尝试着去做，因为敢于去做，到最后事情都会自然而然地变得顺畅。后来，他们会发现，那些原来让自己思虑重重的困难，竟然只是一件小事，根本不值得抱怨。

现实生活中，平庸之辈总是多数，即便自己已经很平庸了，但还在不断地抱怨。他们动不动就说“这个社会怎么怎么样”“我简直是英雄无用武之地”，其实，说出这样话的人本身不是什么强者，因为强者绝不是这样的态度。面对人生的诸多不如意，我们都不要再抱怨了，抱怨只会让自己变得更加无能。只有无能的人才会抱怨，那些强者往往会通过改变生活来解决这些问题。所以，在这个世界，真正的强者并不多，大多数都是习惯于抱怨的庸者之辈。

罗斯福说：“未经你的许可，没有任何人能够伤害你。”有的人自己办不了事情，别人办了漂亮事，他还会到处抱怨：“其实我很有能力的”“他凭什么就能得到领导的重用啊”“这件事我会比他做的更好，可领导偏偏不找我嘛”。但是，真正的结果呢，却是自己无力扭转什么，心中才充满了抱怨。而另外一些人所想的是如何解决问题，如何完成这件事，因此，他们会在最后的努力中成功，而那些无能的人只能在抱怨声中销声匿迹。

有一句话说得好：“多数人都想改造世界，但却很少有人想改造自己。”可能，左右一个人成功的因素有很多，但是，如果你连自己都不想改变，你会成为一个强者吗？许多人习惯抱怨社会、抱怨他人、抱怨自己，可是，有人会想过这是因为自己不够强大而遭遇的吗？

一个人只有把自己定位在“弱者”的位置上，他才会觉得无法改变，从而变成了一个抱怨者。当我们把自己定义成弱者，那我们就改变不了什么，除了抱怨还是抱怨。因此，当生活遭遇不幸的时候，我们所想的应是如何解决问题，而不是不断地抱怨这个问题的存在，这样我们才能真正地解决问题。

真正的强者，从来不抱怨，他们总是会把那些消极的想法从内心中扫除殆尽，让自己的内心充满阳光、充满希望。相反，一个弱者、无能的人，他们的生活总是充满了抱怨，因为无力改变现状，或者是内心根本没有想要改变现状的意识，因此，他们除了抱怨，别无他法。

小小的克制，会让人变得强而有力

高尔基说：“哪怕是对自己的一点小小的克制，也会使人变得强而有力。”每个人都是有毅力的，可以说，毅力和克服困难相伴。换句话说，克服困难的过程，也就是培养、增强毅力的过程。在生活中，那些毅力不是很强的人，往往能克服小困难，而不能克服大困难，但不断地积累毅力，也可以使人有克服大困难的毅力。

大量事实证明，毅力是可以培养的，心理学家举了这样一个生动的例子：“今天，你或许挑不起一百斤的担子，但你可以挑三十斤。只要你天天挑，月月练，总有一天，即使一百斤的担子压在你的肩上，你依然能健步如飞。”这就是“半途效应”的侧面反映，半途效应是指在激励过程中达到半途时，由于心理因素以及环境因素的交互作用而导致的对于目标行为的一种负面影响。

从前，有一位和尚叫一了，他的耐性不够，做一件事情只要稍稍有点困难，就很容易气馁，不肯锲而不舍地做下去。

有一天晚上，师父给他一块木板和一把小刀，需要他在木板上切一条刀痕，当一了切好了一刀以后，师父就把木板和小刀锁在他的抽屉里。以后，每天晚上，师父都要小和尚在切过的痕迹上再切一次，这样连续了好几天。

终于到了一天晚上，一了和尚一刀下去，就把木板切成了两大块。师父说：“你大概想不到那么一点点力气就能把一块木板切成两大块吧？一个人一生的成败，并不在于他一下子用多大的力气，而在于他是否能持之以恒。”

古人云：“事当难处之时，只让退一步，便容易处；功到将成之候，若放松一着，便不能成。”在生活中，有很多事情，并不是仅仅依靠三分钟热情就可以做好的，也不是一朝一夕就能做到的，而是需要持之以恒的精神，我们必须要付出时间和代价，甚至是一生的努力。当然，在这个过程中，我们需要忍耐、坚持、再坚持，以无限的意志力等待机会和成功的来临。

大量事实表明，人的目标行为的中止期大多发生在“半途”附近，那是一个极其敏感和脆弱的区域。导致半途效应产生的原因来自于两方面：一是目标选择不合理，有可能在选择目标的时候，过大或过小，从而导致了半途效应；二是个人的意志力，那些意志力越弱的人越容易出现半途效应，如果你想干点什么，那一定培养出坚韧不拔的精神。

小时候，妈妈总是这样说：“你能做到，玫琳凯，你一定能做到。”玫琳凯女士不仅将这句话作为自己的座右铭，而且将这句话作为公司的理念来激励更多未来的女性。玫琳凯坦言，自己想创建公司是在遇到了一些挫折之后才真正的开始，那时候她才意识到自己的意志力。

玫琳凯女士曾在直销行业工作了25年，当时，她已经做到了全国培训督导。但是，眼看着自己的一位男下属都得到了提拔，而且薪水将是自己的两倍。玫琳凯女士毅然决定辞职，实现自己的一个理想，她说：“我建立公司时的设想是想让所有女性都能够获得她们所期望的成功，这扇门为那些愿意付出并有勇气实现梦想的女性带来了无限的机会。”

然而，在创业之初，她经历了多次失败，也走了不少弯路，但是，她从来不灰心、不泄气，从来没想过要放弃，反而越挫越勇，决心坚持到底。她这样诙谐地解释：“挫折是化了妆的祝福。”最后，她创建了玫琳凯公司，玫琳凯女士这样说道：“从空气动力学的角度看，大黄蜂是无论如何也不会飞的，因为它身体沉重，而翅膀又太脆弱，但是人们忘记告诉大黄蜂这些。女性就是如此——只要给她们以机会、鼓励和荣誉，她们就能展翅高飞。”

玫琳凯的成功案例是哈佛学子必备的研究，从她的身上，我们懂得：强大的意志力能战胜一切。凡是能够成大事者，他们必须经得起挫折的历练，经得起失败的打击，因为成功需要风风雨雨的洗礼，而一个有追求、有抱负的人，他总是视挫折为动力。

那些但凡作出巨大成就的人，他们与常人的区别就在于，他们拥有较强的意志力，而并非他们有多么过人的本领。在大多数人不能坚持的时候，他们再多坚持了一会；在大多数人想要放弃的时候，他们咬着牙坚持了下来。当然，由于其拥有过人的意志力，任何事情在他们面前，都可以说是简简单单。而对于我们来说，拥有过人的意志力，可以说是事半功倍。

迎接挫折的过程，就是他们培养、增强意志力的过程。所以，挫折对于天才来说是一块成功的跳板，对强者来说则是一笔宝贵的财富。所谓的挫折与苦难却是一所修炼人生的高等学府，你是否能顺利毕业则源于内心强劲的意志力。

有明确而坚定的目标，成功不会远

在生活中，许多人不敢追求成功，原因并不是追求不到成功，而是他们在还没有开始追逐之前就在心里默认了一个“高度”，这个高度常常暗示自己：成功是不可能的，这个是没办法做到的。“心理高度”成为了人们无法取得成功的根本原因之一，自我设限是一件很悲哀的事情，跳蚤并非失去了跳跃的能力，而是它们在受挫之后变得麻木了、习惯了。

心理学家曾做过这样一个有趣的实验：他将跳蚤随意地向上一抛，它能从地面上跳起一米多高，但是，如果在一米高的地方再放个盖子，这时，跳蚤跳起来，撞到了盖子，而且一再地撞到了盖子。这样过了一段时间，心理学家拿掉了盖子，发现跳蚤虽然还在继续跳，但它们已经不能跳到一米以上了，直至跳蚤结束了生命，它们也跳不到一米以上了。这是为什么呢？其实，理由很简单，因为跳蚤调节了自己跳的高度，而且，逐渐适应了这种情况，不再改变。这个现象就是心理学上著名的跳蚤效应，不仅跳蚤如此，人也一样，有什么样的目标就有什么样的人生。

有这样一个故事：有人问三个水泥匠：“你们在干什么？”甲说：“砌墙。”乙说：“挣钱。”丙说：“造世界上最有特色的建筑。”后来，前两位水泥匠一生碌碌无为，只有第三位水泥匠成为了知名的建筑师，因为只有他清楚自己砌每块砖这样的小目标与未来一座宏伟建筑之间的关系。在我们身边，有许多人都明白自己在人生中应该做些什么，但就是迟迟不肯行动，根本原因就在于他们欠缺了未来清晰的目标，而有什么样的目标，就有什么样的人生。

1952年7月4日清晨，加利福尼亚海岸还笼罩在浓雾之中，在海岸以西21英里的卡塔林纳岛上，34岁的费罗伦斯·柯德威克涉水进入了太平洋里，她开始向加州海岸游去，如果这次能够成功，她就会成为第一个游过这个海峡的妇女。在这之前，费罗伦斯·柯德威克是从英法两边海峡游过英吉利海峡的第一个妇女。然而，这天清晨似乎没有想象中的顺利，海水冻得费罗伦斯·柯德威克身体发麻，由于浓雾越来越大，她几乎看不到护送自己的船，一个小时过去了，又一个小时过去了，无数的观众在电视上注视着她。对费罗伦斯·柯德威克来说，诸如此类的渡海游泳中最大的问题不是疲劳而是刺骨的水温，15个小时过去了，费罗伦斯·柯德威克被冰冷的海水冻得浑身发麻，她知道自己不能再游了，就叫人拉她上船。而柯德威克的母亲和教练就在另一条船上，他们告诉她："海岸很近了，不要放弃。"但是，罗伦斯·柯德威克朝加州海岸望去，前面是一片浓雾，什么都看不见。几十分钟以后，人们将柯德威克拉上了船，而拉她上船的地点，离加州海岸只有半英里。

当有人告诉柯德威克这个事实后，从寒冷中恢复知觉的她看起来很沮丧，她对记者说："真正令我半途而废的不是疲劳，也不是寒冷，而是因为在浓雾中看不到目标。"在费罗伦斯·柯德威克的一生中，只有这一次没有能坚持到最后。两个月后，柯德威克再一次尝试，这次，她成功地游过了这个海峡，她不但是第一位游过卡塔琳纳海峡的女性，而且比男子的记录还快了大约两个小时。

对于柯德威克这样的游泳能手来说，还需要目标才能鼓足干劲完成她有能力完成的任务，而对于我们普通人来说，更需要为自己设立一个清晰的目标。一个人如果没有明确而坚定的目标，是不会成功的。克莱斯勒在年轻时曾做了一件疯狂的事情，他从银行里取出了所有的存款，到纽约参观汽车展，回来时还买了一辆新车，更糟糕的是，他回到家中便把车停到车库中，并将每个零件都拆卸了下来，研究完之后，又把车子组装起来。大家都认为他疯了，但是，最后他成为了闻名世界的“汽车大亨”。

在美国企业界，有一个深孚众望的奖项——美国国家品质奖，它象征着美国企业界的最高荣誉，而赢得此奖的企业，必须是能生产全国最高品质产品的企业。下面所讲的就是摩托罗拉公司不断追逐目标的故事。

1981年，摩托罗拉公司派了一个侦察小组到世界各地进行考察，不仅需要看他们怎么做，而且还要看他们如何精益求精。同时，摩托罗拉公司的员工也面临了挑战，那就是最大限度地降低工作中的错误率。公司设定了新的目标：所生产的电话合格率达到了99.997%。所有摩托罗拉员工都收到了一张小小的卡片，上面标示着公司的目标。

1988年，66家公司竞夺美国国家品质奖，大多数参赛单位是一些像IBM、柯达、惠普等大公司的某一个部门，但摩托罗拉却以整个公司为单位参加竞赛，并轻松获得该奖项。1988年度，由于减掉了昂贵的零件与替换公司，摩托罗拉公司节省了二亿五千万美元，收入增加了23%，利润提高了44%，达到了前所未有的记录。

正如摩托罗拉公司一名主管说：“得美国国家品质奖，有一种金钱买不到的奇效。”这里的“奇效”就是指目标的效力，有什么样的目标就有什么样的人生，目标可以促使我们产生积极性。同样的道理，一个企业要想获得成功，就要为自己设定一个可以追逐的目标，摩托罗拉公司的成功就是最典型的案例。

许多人不敢去追求梦想，不是梦想太远，而是因为他们心里已经默认了一个“高度”，而这个高度常常使他们受限，所以，他们看不到未来确切的努力方向。所以，我们要将成功的信念注入血液之中，不断地告诉自己“我能行”“我努力就一定能成功”“我是最优秀的”，以此增强自信心，勇于向成功奋进。

激励自己，成功从不曾离你而去

一匹再懒惰的马，只要身上有马蝇叮咬它，它也会精神抖擞，飞快地奔跑。这就是心理学中著名的马蝇效应，马蝇效应告诉我们，需要适时地鞭策自己，方能使自己不断地前进，获得成功。一个人只有被叮着咬着，他才不敢松懈，才会努力拼搏，不断进步。

有时候，我们会满足于现状，不思进取；有时候，我们会自暴自弃，甚至破罐子破摔。通常情况下，越是有能力的人越容易自负，因为内心有着强烈的占有欲，如果任由这样的情况发展下去，自己会被自满吞噬，安于现状、不思进取；另外，有的人在遭遇了一点点挫折就松懈了，丧失了生活的希望，自暴自弃。其实，在这些时候，我们都需要利用马蝇效应来鞭策自己，赶走身上的自负与骄傲、畏惧与自卑，激励自己，勇往直前，迎接人生新的一天。

“马蝇效应”被许多人运用到公司或企业的管理中来，然而，管理好了自己才能有效地管理别人。在日常生活中，我们也需要利用好马蝇效应，适时鞭策自己，使自己努力向前。

对于我们自己来说，最大的欲求就是梦想了，在人生的道路上，我们要以“梦想”这只马蝇来叮着自己、激励自己，让自己这匹“马儿”欢快地跑起来。

一天夜里，小偷潜入了谈迁的家里，但是，小偷发现谈迁家里空荡荡的，根本没有什么值钱的东西。正当小偷失望的时候，他一眼瞥见了屋子角落里有一个锁着的竹箱，小偷如获至宝，以为里面装着值钱的财物，就把整个竹箱偷走了。其实，那个竹箱里并没有什么值钱的东西，而是谈迁刚刚写好的《国榷》，对小偷来说，这东西一文不值，而对谈迁来说，却是珍贵的书稿。

20多年的心血化为了乌有，这对谈迁来说，是一个致命的打击。他已经年过半百，两鬓花白，似乎无力坚持下去了。但是，谈迁没有放弃，他不断地鞭策自己：再写一本将会更精彩。在强大信念的支撑下，谈迁从痛苦中崛起，重新撰写那部史书。10年以后，又一部《国榷》诞生了，新写的《国榷》104卷，500万字，而内容比之前的那部更精彩、翔实，谈迁也因而名垂青史。

小偷在无意之间做了那只“马蝇”，促使谈迁鞭策自己，重新撰写了《商榷》这部史书。或许，正是因为再一次的仔细撰写，使得《商榷》更精彩，而谈迁也因此名声大振。生活有时候就是这样，总是有意无意之间影响自己，然而，只要不停止对自己的激励，我们永远都有再站起来的那一天，成功从来不曾离我们而去。

生活还是要继续，我们停止了前进的步伐是因为我们内心已经松懈、倦怠，所以，适时鞭策自己，不断地鼓励自己，前方就是成功之路。只要我们不断地提醒自己、激励自己，我们就像那匹被马蝇所叮的马儿一样，越跑越快，最终能够将心中的梦想变成现实。

付出相当的代价，就能叩开成功的大门

世界上没有一步登天的奇迹，恪守自己“脚踏实地”的原则，做任何事情都是循序渐进。他们明白，如果要想获得成功，就必须从一件小事做起，哪怕是一件微不足道的小事。只专注于现在所做的事情，用投机取巧的方法来获得成功，那是永远不可取的。可能你在短时期内能获得一两次的成功，但是

不能获得长久的成功。他们更愿意通过慢慢添加一砖一瓦，踏踏实实地坚守自己的位置，最后建造出属于自己的美丽城堡。

犹太人哈同从一名看门工做到了商行的老板，正是体现了“一份耕耘，一份收获”的智慧。一个看门工，可能是大多数都瞧不起的活，要是别人是不愿意干的，他们觉得自己相貌堂堂，年轻高大，怎么会屈于当站门雇员。可是哈同不这么认为，他会认为这是他成功的一个起点。我们仔细注意到哈同的工作历程，就不难发现他成功的秘诀，那就是“脚踏实地，循序渐进”。他对自己的每一份工作都做到勤勤勉勉，忠于职守，并且不是急于求成，而是循序渐进地下去，慢慢登上成功的宝座。

罗马不是一天建成的。我们在面对任何一件事情的时候，都要脚踏实地，才能做到循序渐进，才能获得最后的成功。正可谓“一屋不扫，何以扫天下”。凡成大事者需要从小事做起，踏踏实实地做好生活中的每一件事，小事做多了就成大事了。

洛克菲勒就是一位对工作异常勤奋的人。一天24个小时中，他的工作时间一般都在十五六个小时，超过了一天的大半时间。而有的时候，他甚至可以一天工作十八九个小时。有人给他计算下来，他的一生中平均每周工作76个小时，只休息很短的时间。经常是别人已经下班了，他还在勤奋地工作。他常常对别人说：“如果你什么都不想干，那一天工作8个小时就可以了，可是如果你想干点什么，那么当别人下班的时候，正是你工作的时候。”别人问他：“你怎么能一天工作20个小时？”他却说：“一天工作20个小时怎么可以，我需要一天工作48个小时。”当人们看到他的时候，他总是在不停地忙于工作。

于是凡是认识他的人都说洛克菲勒只有睡觉和吃饭的时候不谈工作，其余时间他都是泡在工作里。这位世界级的大富翁就是这样紧张而勤奋地工作着的，所以他才取得了举世瞩目的成就。

洛克菲勒之所以能够获得成功，就在于他始终如一地保持勤勉的态度。他的勤勉已经成为了顽强的奋斗，在他的眼里，一天24小时都已经不够用了，他希望能在一天内工作更长的时间。只有勤勉的人才能够尝到胜利的果实，只有勤勉的人才能够得到命运的眷顾。所以，洛克菲勒用自己的实际行动证明了这样一个道理，如果你是一个做事勤勉的人，那么成功就已经离你不远了。

一份耕耘，一份收获。因为从小树立起来的观念，会让人们在成长的路途中，更懂得怎么认真地去做每一件事。做任何事情，他们都会勤勤恳恳，力求上进，而人们获得成功的机会就更大了。富有智慧的人，会选择靠勤勉叩开成功的大门，而事实证明，他们做到了。

第4章

面对艰难，坚忍不拔更重要

你能忍受多久的苦难？一天？两天？亦或一个月？一年？不，如果你所希望的是采摘成功的果实，那就需要一直忍受下去，一直到人生结束为止。对漫长而又艰难的人生而言，坚忍不拔更重要。

生活赐予的好与坏，都接受吧

在悲剧理论中，叔本华强调了意志的作用，其实，意志是战胜一切挫折的利器。曾任美国副总统的戈尔曾说：“自古以来的伟人，大多是抱着不屈不挠的精神，在逆境中挣扎着奋斗过来的。”在人生这条充满荆棘的路上，我们常常会遇到这样或那样的挫折与困难。当然，不同的人对挫折有着不同的理解，有人说挫折是人生道路上的绊脚石，有的人却说挫折是一种磨砺，会让今后的路更加平坦。

古人曰：“百糖尝尽方谈甜，百盐尝尽才懂咸。”甚至，我们可以这样说，不经历挫折的人生是空白的。或许，我们并不知道前方有多少的挫折在等着我们，但是，有一点是很明确的，那就是这些挫折是不可避免的。

生活中，我们要学会笑纳生活赐予的困难，缔造斑斓的人生。曾经有人说：“成功的人生是痛苦与失败的交织，是磨难与顺利的交替。”如果你害怕生活中会出现麻烦，那你就会永远丧失走向成功的机会。卓越的人生是从卓越的目标开始的，卓越目标的背后必然是充满着麻烦的道路。经受了那些麻烦的打搅和坎坷的摔打，我们追求成功的意志才能坚强起来，可以说，历练是人生不可多得的宝贵财富，拥有这笔财富，再多的困难问题也能解决，没有什么麻烦可以把人吓倒。

有一个穷人为农场主做事。有一次，穷人在擦桌子时不小心碰碎了农场主一只十分珍贵的花瓶。

农场主向穷人索赔，穷人哪里能赔得起。最后被逼无奈，只好去教堂向神父讨主意。神父说："听说有一种能将破碎的花瓶粘起来的技术，你不如去学这种技术，只要将农场主的花瓶粘得完好如初，不就可以了。"

穷人听了直摇头，说："哪里会有这样神奇的技术？将一个破花瓶粘得完好如初，这是不可能的。"神父说："这样吧，教堂后面有个石壁，上帝就待在那里，只要你对着石壁大声说话，上帝就会答应你的。"

于是，穷人来到石壁前，对石壁说："上帝请您帮助我，只要您帮助我，我相信我能将花瓶粘好。"话音刚落，上帝就回答了他："能将花瓶粘好，能将花瓶粘好……"

穷人听后希望倍增、信心百倍，于是辞别神父，去学粘花瓶的技术去了。

一年以后，这个穷人通过认真地学习和不懈地努力，终于掌握了将破花瓶粘得天衣无缝的本领。他真的将那只破花瓶粘得像没破碎时一般，还给了农场主。所以他要感谢上帝。神父将他领到了那座石壁前，笑着说："你不用感谢上帝，你要感谢就感谢你自己。其实这里根本就没有上帝，这块石壁只不过是块回音壁，你所听到的上帝的声音，其实就是你自己的声音。你就是你自己的上帝。”

当生活的麻烦找到我们，我们应该记住，除了接受这些麻烦，努力去解决这些麻烦问题，别无他法。而且，没有人能够帮助你，如果你总是与麻烦较真，希望自己能获得别人的帮助，那这样的想法未免太天真了。其实，每个人都有解决麻烦的能力，许多人解决不了人生或大或小的麻烦，那是因为他们没有接纳悲剧人生的良好心态，因此才无法缔造绚丽的人生。

安妮爱上英俊潇洒的杰克。他对她来说很重要，安妮确信杰克就是她的白马王子。

可是有天晚上，杰克温柔婉转地对她说，他只把安妮当作普通朋友。安妮以他为中心的梦想世界当下就土崩瓦解了。那天夜里她在卧室里哭泣时，觉得记事簿上的“不要紧”三个字看起来荒唐得很。“要紧得很，我爱他，没有他我可不能活”。

翌日早上她醒来后又想到这三个字，这时，她已经冷静下来了，她开始分析自己的情况“到底有多要紧？杰克很要紧，我很要紧，我们的快乐也很要紧；但我会希望和一个不爱我的人结婚吗？”日子一天天过去，她发现没有杰克自己也可以生活，也能快乐。

几年后，一个更适合她的人真的来了。在兴奋地筹备结婚的时候，安妮把“不要紧”这三个字抛到了九霄云外。她不再需要这三个字了。她的生命中不会再有麻烦与失望。

有一天，丈夫和她得到一个消息：他们把所有的积蓄投资做生意，但这笔钱赔掉了。

安妮感到一阵酸楚，胃像扭作一团一样难受。她想起那句“不要紧”，“这一次可真的是要紧”，她心里想。

可是就在这个时候，小儿子用力敲打他的积木的声音转移了安妮的注意力。儿子看见母亲看着他，就停止了敲击，对她笑着，那笑容真是无价之宝。安妮把视线越过他的头望向窗外，两个女儿正在兴高采烈地合力堆沙堡。院子外面，树映衬着无边无际的晴朗碧空。安妮觉得胃顿时舒展，心情恢复平和。她对丈夫说“都会好转的，损失的只是金钱，实在并不要紧”。

在生活中，总有这样或那样的麻烦出现，这会给我们的心灵带来巨大的压力，许多人会因为这些压力而变得一蹶不振，甚至会因此失去生活的勇气。其实，许多麻烦问题并不像我们想象的那么严重，面对这些狂风暴雨，假如我们能够尝试对自己说“不要紧”，接纳那些生活赐予的麻烦，那我们就会缔造出无比灿烂的人生。

悲剧理论的宗旨就是抓住悲剧背后的生存意义。在生活中，我们每时每刻都可能遇到那些不如意的麻烦事情。其实，不要小看那些麻烦，那其实是生活赐予我们的宝贵财富，如果我们固执于此，任自已较真、沉溺在痛苦之中，这样我们只会更加烦恼。不如对自己说：“没关系，不要紧，风雨之后，肯定会有彩虹。”这样想来，那些麻烦的问题还能算什么呢?

相比较人生的挫折，生活中那些麻烦的小事情根本算不了什么。如果我们还总是为生活的琐碎事情而较真，那无疑是折磨自己。学会接受生活赐予的麻烦，通过解决这些麻烦问题，领悟生活的真谛，然后缔造斑斓的人生。

意志，倚靠在明眼的跛子肩上

叔本华曾说：“意志是一个强壮的盲人，倚靠在明眼的跛子肩上。”换而言之，即便是黑暗的悲剧，也往往孕育着璀璨的成功。在悲剧中，往往隐藏着宝贵的经验与信念，其实，悲剧是一笔不可缺少的财富。虽然，我们在遭遇悲剧、面临失败的时候，都会产生某种程度的负面情绪，不过，假如自己长期与挫折较真，深陷其中不能自拔，那我们注定会遭遇失败。面对悲剧，我们所需要做的并不是自甘堕落，自暴自弃，而是不断地积累失败的经验，在悲剧中铸就璀璨的成功。

在挫折面前，我们的力量是有限的，但挫折却是层出不穷的，当我们战胜了一个挫折，又会有更大的挫折在等着我们，人生就是这样一个不断前进的过程。

一个人若是没有经历过生活，那自然不会理解出生活的艰辛；一个人若是没有真正经历过挫折，自然不懂得选择快乐的角度。一旦挫折降临，就想要逃避这个世界，这本来就是一种不负责任的做法。生活中，只有那些真正经历过挫折的人，才能放眼望世界，因为经历了挫折的生活在他们眼里变得更加绚丽多彩了。

挫折是一门生活必修课，但是这并不是说挫折是不可战胜的，挫折的必然性让我们在遇到它时就没有必要怨天尤人，更没有必要处处较真。因为挫折不具备不可战胜性，所以，面对挫折，不必畏惧，迎难而上，直面挫折，把生活中的每一个挫折都看作是上天考验我们的一次机会。

伊莎克·帕尔曼出生在以色列的特拉维夫，父母都是波兰人，三岁半的时候，帕尔曼就开始拉小提琴。可是，天有不测风云，一年以后，帕尔曼的双腿因小儿麻痹症瘫痪了。但是，疾病并没有阻碍他的音乐天赋，九岁时他就开始在音乐会上演出了。许多人认为，对于帕尔曼来说，在这个竞争激烈的行业中，开独奏音乐会实在是太难了。但是，帕尔曼并没有沮丧，他一次又一次地鼓起心中的白帆，驶向音乐的海洋。“我一直在尽力着。”帕尔曼对自己这样说，正是这种乐观的心态为他赢得人生的一次机遇。

帕尔曼十三岁那年，有一天，美国国家电视台邀请帕尔曼到“爱德·沙利文综艺节目”做客，这对于帕尔曼来说简直是天赐良机。为了使帕尔曼的音乐天赋得到更好的发挥，他们一家人搬到了纽约，在那里，帕尔曼开始了自己的音乐之旅。帕尔曼开始在酒店演奏，当人们吃了晚餐之后，他们会说：“好了，让我们来听一听年轻的帕尔曼给我们演奏《野蜂飞舞》和布鲁赫的《尼根》。”帕尔曼一直坚信“逆境之中也有可能成功”，秉承着这种信念，终于有一天，帕尔曼迎来的不再是同情的目光，而是雷鸣般的掌声，他成为了世界顶级的小提琴演奏家。

莎士比亚曾说：“逆境使人奋进，苦尽才能甘来。”在人生道路上，成功没有巅峰，追求没有止境，短暂的荣誉往往会束缚着人们前进的手脚，一时的辉煌往往会消减人们的斗志。而悲剧，让人痛心更催人奋进，既让人难堪更让人坚定，让人们在放弃时能鼓足勇气，想逃避时拾起自尊。悲剧是成功的前奏，是一笔宝贵的财富。在挫折中奋进，在低谷中抓住机遇，不断地尝试，最终一定会拥抱成功。

不畏挫折，所彰显的就是一份强劲的意志，这是叔本华所推崇的。曾国藩说：“吾平生长进，全在受挫受辱之时，打掉门牙之时多矣，无一不和血一块吞下。”如果经不起挫折，受不了历练，处处较真，我们将沉埋在痛苦的生活里，永远没有希望，也没有前进的方向。其实，挫折带来的并不全是坏事，它能使我们的人生绽放出最美丽的成功之花，而从挫折中汲取到的教训将是我们迈向成功的垫脚石。

通往成功的道路从来就不会是一条风和日丽的坦途，人生必须渡过逆流才能走向更高的层次，最重要的是我们能接受悲剧人生的考验。当然，并不是每个人都能在挫折中坚持自己的决定。可以说，成功者大多起始于不好的环境并经历许多令人心碎的挣扎和奋斗，在生命的转折点，他们通常能缔造色彩斑斓的人生。

席勒曾说：“任何一个苦难与问题的背后，都有一个更大的祝福。”其实，伴随着悲剧的除了祝福，还隐藏着无限的机遇。在我们的人生道路上，会遭遇很多逆境，如果缺乏自信，会使畏惧之心蔓延开来，不仅抓不住机遇，反而会被困难吞噬。生活是一道选择题，当你选择了坚持，机遇就有可能会降临；但是，当你选择了放弃，机遇将永远放弃了你。没有经过悲剧中挫折的磨炼，就不会有未来的璀璨与辉煌。

听从内心的声音，以强劲的意志坚持到底

叔本华说：“人虽然能够做他想做的，但不能想要所想要的。”人生自然应该去做自己想做的事情，因为意志，这一切都会成可能。许多年轻人竟然不知道自己的梦想是什么。而没有梦想的人，就没有目标，就没有奋起直追的持久动力。

这时你可以了解自己，倾听自己内心的声音，了解自己的真正感兴趣的是什么，然后以自己的才能与爱好来作为树立梦想的参考。年轻人应对自己的特点有所了解，首先确立目标，有的人以自己身边或媒体宣传的人作为自己的梦想；有的人的梦想与兴趣、爱好、特长相关，比如，喜欢唱歌的女孩希望成

为歌手，喜欢跳舞的女孩希望成为舞蹈家。当然，年轻人思想不够成熟，有时候追求的梦想不稳定，今天喜欢唱歌，明天喜欢跳舞，所以我们在适时应该学会听从自己内心的声音，并以强劲的意志坚持到底。

1998年，只有10岁的李欣汝面临了人生的第一次重大选择。当时，父亲希望她成为一名伶牙俐齿的主持人或者是教书育人的老师，不过，她自己却喜欢跳舞，希望自己有一天可以像一只白天鹅一样在舞台上翩翩起舞。到底是遵从自己内心的梦想，还是顺从父亲呢？最后，10岁的李欣汝坐上火车，从兰州去北京，进入解放军艺术学院舞蹈系中专部学习，她将舞蹈作为自己前行的梦想。

2007年，“红楼梦中人”节目组到北京舞蹈学院挑人，李欣汝报了名，她本来只是想试试看，结果没想到一路过关斩将，自己竟然晋升黛玉组全国五强。这时她面临了人生第二次选择，自己是继续学业还是全封闭培训呢？她思考了很久，然后说服自己放弃眼前暂时的名利，她退出了选秀，将全部的精力都放在了学业上面。

李欣汝退出选秀之后，她顺利地拿到了大学毕业证书。很快，她面临了新的选择。《丑女无敌》剧组发来了橄榄枝。不过，令她犯难的是，这次她需要在剧中扮演一个完全没有形象的女孩子。自己是否愿意扮丑呢？经过层层筛选之后，李欣汝最终获得了那个对自己而言非常重要的角色——电视剧《丑女无敌》中雷人的林无敌。她刻意增肥、扮丑，甚至她感觉林无敌就是正在奋斗的自己，所以她完全融入了角色，结果这部戏相当成功。

在人生关键时刻，李欣汝选择了听从内心的声音。当《丑女无敌》第一季播出之后，创下收视观众2.4亿人次的惊人记录。而李欣汝所扮演的林无敌这个形象也受到了观众的欣赏与认可，同时，她本人也获得了成功，她成为湖南卫视年度最佳新艺人，成为2008年最深入人心的电视剧形象之一。而且，她的名字还出现在2009年度福布斯名人榜的排名之中，她终于成功了。

菲尔·约翰逊的父亲拥有一家洗衣店，由于父亲想让儿子子承父业，所以父亲在店里给约翰逊安排了一份工作，父亲希望约翰逊可以接手自己的生意。但是，菲尔·约翰逊一点也不喜欢洗衣店的工作，他每天都在店里偷懒，整天晃荡，只要做完自己的工作，他就撒手不管。有时候，他干脆会玩失踪，根本不来店里上班。约翰逊的父亲觉得儿子真是没出息，在那么多员工面前，儿子真是将自己的脸丢光了。

有一天，菲尔·约翰逊主动对父亲说："我想去一家机械工厂做个技工。"出去当工人？难道儿子想走自己曾经走过的老路吗？父亲非常震惊，他坚决不同意。不过，习惯我行我素的约翰逊才不管父亲反对的意见，他依旧穿着沾满油渍的工作服去工作。在机械厂，约翰逊比在洗衣店更努力地工作。尽管机械厂每天的工作时间很长，不过菲尔·约翰逊吹着欢快的口哨就可以度过快乐的一天。渐渐地，约翰逊发现自己喜欢上了工程学，他开始认真研究各种发动机，在他的生活中只与各种机械一起相伴。

1944年，菲尔·约翰逊去世。不过，就在这时，约翰逊已经是波音飞机公司总裁，正是他研究制造出来的“飞行堡垒”使得美国赢得了战争。

约翰逊喜欢机械，他并没有因为父亲的期望而改变自己最初的想法。假如他看不起自己的生意，那就有可能会让自己的生意溃败。假如约翰逊当时留在了父亲的洗衣店，后来，他和父亲的洗衣店会怎么样呢？我想在父亲去世之后，这门生意应该早就毁掉了，那家曾经的洗衣店早就关门了。

如果身边的朋友、家人建议你去银行当职员，但事实上你只是喜欢待在蛋糕店里做蛋糕，那么你的选择是什么呢？曾经有人抱怨：“我很想成为一名歌星，但是我父亲却希望我能成为一名医生，我该怎么办呢？”我想这句话，非常适合他：别人的期望，不能成为你被迫选择的理由。

一旦你确定了自己的内心，那就需要切断自己的后路，因为现在你只剩下自己和梦想了，自己已经不能回头。现在你已经无路可走，你已经站在梦想的面前，你现在需要做的就是如何完成自己的梦想。

假如你总是还在猜测这是我内心的声音吗？你将永远一事

无成，因为这个质疑会阻碍你去完成梦想，最后你将失去尝试的勇气而不愿意再跨出下一步。假如你开始质疑自己的梦想是否可以实现，那你将失去追求梦想所需要的动力。

为了发亮，不要怕黑暗

莎士比亚曾说："宗教如萤火虫，为了发亮，非有黑暗不可。"所谓的苦难、错误并不是白白经历的，忍耐这些痛苦之后，它会让我们的人生绽放出最美丽的成功之花，因为意志力是成功的砝码。具有强劲意志力的人，他们从来不惧怕挫折和困难，他们甚至将挫折当作是自己人格的试金石，当自己输得只剩下生命时，潜在心灵的力量还有多少呢?

如果没有较强的意志力，就没有勇气，没有拼搏精神。只有保持强劲的意志力，一往无前，坚持不懈，才会在失败中崛起，奏出人生的华章。人们在面对压力和困难时会激发出巨大的潜能，但在迎难而上的同时，他们注定要经历磨难之苦，这时若没有较强的意志力，他们就无法获得成功，因此，我们说，意志力是成功的砝码。

曾国藩说："困心恒虑，正是磨炼英雄，至汝于战，李申夫尝喟余叹气从不说出，一味忍耐，徐图自强。因引谚曰'好汉打脱牙和血吞。'此二语，是余生平咬牙立志之诀。余庚戊辛亥间，为京师权贵所唾骂，葵丑甲寅，为长沙所唾骂；乙卯丙辰，为江西所唾骂；以及滨州之败、靖港之败、湖口之败，盖打脱牙之。时多矣，无一次不和血吞之。”一个人如果不通过不断的磨砺来提升自己、完善自己，就会让自己私欲、情欲膨胀，自己的意志也变得软弱。一个人若想成就一番事业，那就必须要不断地磨砺自己，除此之外，别无他法。凡成大事者，必须忍受得住困难的打磨，经得起失败的打击，成功需要风风雨雨的洗礼，一个有追求、有抱负的人，总是视挫折为动力，有一句话说的好：“能受天磨真铁汉，不遭人嫉是庸才。”所以说：苦难对于天才是一块成功的跳板，对强者是一笔宝贵的财富。而对于弱者，就是使之坚强的臂力器。

1832年，毕业于哈佛大学的林肯失业了，这显然使他很伤心，但他下定决心要当政治家，当州议员。糟糕的是，他竞选失败了。在一年里遭受两次打击，这对他来说无疑是痛苦的。接着，林肯着手自己开办企业，可一年不到，这家企业又倒闭了。在以后的17年间，他不得不为偿还企业倒闭时所欠的债务而到处奔波，历经磨难。

随后，林肯再一次决定参加竞选州议员，这次他成功了。他内心萌发了一丝希望。认为自己的生活有了转机：“可能我可以成功了！”

1835年，他订婚了。但离结婚的日子还差几个月的时候，未婚妻不幸去世。这对他精神上的打击实在太大了，他心力交痒，数月卧床不起。1836年，他得了精神衰弱症。

1838年，林肯觉得身体良好，于是决定竞选州议会议长，可他失败了。1843年，他又参加竞选美国国会议员，但这次仍然没有成功。林肯虽然一次次地尝试，但却是一次次地遭受失败：企业倒闭、爱人去世，竞选败北。要是你碰到这一切，你会不会放弃？

林肯没有放弃，他也没有说："要是失败会怎样？"1846年，他又一次参加竞选国会议员，最后终于当选了。两年任期很快过去了，他决定要争取连任。他认为自己作为国会议员表现是出色的，相信选民会继续选举他。但结果很遗憾，他落选了。因为这次竞选他赔了一大笔钱，林肯申请当本州的土地官员。但州政府把他的申请退了回来，上面指出："做本州的土地官员要求有卓越的才能和超常的智力，你的申请未能满足这些要求。"

接连又是两次失败。在这种情况下你会坚持继续努力吗？你会不会说"我失败了"？然而，林肯没有服输。1854年，他竞选参议员，但失败了；两年后他竞选美国副总统提名，结果被对手击败；又过了两年，他再一次竞选参议员，还是失败了。

林肯一直没有放弃自己的追求，他一直在做自己生活的主宰。1860年，他当选为美国总统。

亚伯拉罕·林肯在竞选参议员失败后曾说过这样一句话："此路艰辛而泥泞。我一只脚滑了一下，另一只脚也因而站不稳；但我缓口气，告诉自己‘这不过是滑一跤，并不是死去而爬不起来’。”确实，一次失败并不会让你一无所有，相反，因为内在的意志力，会让你得到了宝贵的经验去开始下一次尝试。

曾有人说：“成功的人生是痛苦与失败的交织，是磨难与顺利的交替。”命运赐给我们机遇和幸福，同时也给我们缺憾和困难，如果我们缺乏应有的忍耐力，在痛苦与困难面前低了头，那我们也将失去机遇和幸福。因此，面对生活中的挫折和困难，不要畏缩自卑，不要怨天尤人，而是要用坚强的意志和刚毅的态度对待磨难，用豁达的心态来对待生活，这样我们就会多一点希望，收获多一些幸福。

成功的人生往往是从卓越的目标开始的，但卓越的目标的背后肯定是充满荆棘和坎坷的路。如果想要通过这样一条路，就必须要经受得住荆棘的刺痛和坎坷的摔打，而经受住这一切，就需要较强的意志力，这样追求成功的意志才会坚强起来。意志力是人生不可多得的财富，拥有了这笔财富，就没有什么困难不能克服，没有什么曲折可以把人击倒。

第5章

前方有路，不怕低头的苦

现实往往会给予我们很大的压迫，迫使我们不得不低下头，只是这低头是暂时的，不会是一直的。只要我们眼睛望着前方的路，就不要计较这暂时的痛苦，不要沉溺在眼前的委屈中，坚定信心，终有一天便会昂首前进。

善于在该低头时选择低头

有人曾问苏格拉底这样一个问题：“你是天下最有学问的人，请问天与地之间的高度是多少？”苏格拉底毫不含糊地说：“三尺！”问话的人不以为然，接着又说：“我们每个人都有五尺高，天地之间只有三尺，那不是要把天戳个窟窿吗？”苏格拉底笑着说：“所以，凡是高度超过三尺的人，要想长立于天地之间，就要懂得低头呀。”苏格拉底那简单的几句话，就把人生中的哲理解释得清清楚楚。

也许，我们从小就接受着这样的教育，那就是“做一个顶天立地的人”。但是，人生不如意十之八九，在生活中，我们难免会遭遇一些不如意，这时候，如果你硬是抬头，只会撞得头破血流。所以，不妨低头认识自己，正确地看待别人，就会跨越一切，赢得属于自己的人生。一个生活的智者，善于在恰当的时候低头，因为他明白，只要低头了就没有过不了的桥。

古人说：“人在屋檐下，不得不低头。”虽然，这话语里含着某种憋屈，但是这一“低头”却是一种人生的智慧。这里所说的“低头”，并不是低三下四地巴结别人的那种低头，也不是委屈、被动地低头，而是一种主动低头，这一低头是一种哲理，更是一种对待人生的智慧和境界。在一个错综复杂的社会，也许每个人都或多或少拥有着一些长处，都有着值得骄傲的地方，但是，你不要忘了“天外有天，山外有山”的道理，谁更强、谁更高，这都是相对的。所以，把自己看得低一点，凡事都要谦虚谨慎，学会低头，放下架子，多听听别人的意见，对自己没有坏处而只有好处。有的人遇到事情就率意而为，处处碰壁，跌跌撞撞地走在人生旅途上。这时候，不妨低下头来，一步一个脚印地走路，有了稳固的根基，才会生出枝繁叶茂。“满招损，谦受益”，这是放之四海而皆准的道理，即使自己到了“会当凌绝顶”的高度，也要注意不张扬、不炫耀，低头看清前面的路，只有这样才会踏上顺利的路途。

有时候，我们会提倡“大雪压青松，青松挺且直”的精神，但是当大雪过于厚重的时候，一些枝条也会被压断。当生命的重荷负载过多的时候，不妨学会低头，卸去那份多余的沉重。

楚王韩信曾经低头，忍受着胯下之辱；越王勾践曾经低头，忍受着卧薪尝胆的滋味；刘皇叔也曾经低头，屈身恭请诸葛亮出山。他们是生活的智者，所以赢得取与舍的博弈，当他们低头的那一刻，就一定相信自己会获得成功。面对一些事情，我们的能力是有限的，如果硬撑着，只会让自己受到更大的伤害，不如学会低头，为自己争取更多的时间与机会，为成功而做准备。遇到事情，学会低头，这样在人生中就没有过不去的桥，没有跨越不了的灾难。

人生是不可能一帆风顺的，总会遇到一些困难与挫折，如果你要想有所作为，“低头”是少不了的。低头并不是一种软弱的表现，而是为了把头抬得更高更有力。美国总统富兰克林就是因为谨记着“学会低头，拥有谦逊”这样的处世准则，所以，他后来终成大器，卓有建树，被誉为“美国之父”。在处世过程中，如果一味地刚强，一味地强出头，只会给自己带来一些不必要的伤害甚至是牺牲。假如你在人生路途中，总是昂着头，那样就会看不到脚下的路，也许还会栽跟头。

每个人需要有一些傲骨，也需要“低头”的勇气，只有做到了刚柔并济，才能更好地保护自己，使自己立于不败之地，最终走向成功。所以，学会低头吧，走过那座桥，跨过那道坎，踏上人生的顺利之旅。

在寒风中独自品尝寂寞

心字头上一把刀，那就是忍。在人世间，每个人最难面对的就是“忍”字了，因为做到它太困难了，所以，“忍”的人生境界太高了。人生需要学会隐忍，以一种隐忍的态度去做人。

那寒冬里待放的梅花，那巨石下吐露的春笋，冰山下暗暗隐藏的岩浆，它们都在隐忍，以一种隐忍的方式生活着。所以，才有那严冬下怒放的梅花，在隐忍之后，它更加艳丽，在寒风中独自品尝着寂寞；所以，才有那笔直亮丽的竹林，在微风中荡漾着美丽，诉说着一个古老的传说；所以，才有那自然的更替、生物的轮回，当岩浆迸发开来，为冰山带来了一丝暖意。有的人喜欢任性地活着，想做什么就会去做，如果做不成，就干脆放弃，这似乎是他们一贯的生活方式，所以，在人生中漂泊了多年，还是一无所获。

有些事情，你改变不了，就应该学会接受，这才是智者的选择。当你不愿意接受，那么就只能放弃，在人的一生中，你会放弃很多东西，但是却什么都没有得到，这就是任性的下场。有的经历、有些事情，今天你逃避了、放弃了，可明天还是会遇到，总有那么一天你要为自己的行为而买单，这样的滋味相信很多人都尝到了。所以，学会以隐忍的态度做人，最终会赢得属于自己的人生。

忍一时风平浪静，退一步海阔天空。人生中有高潮也有起伏，有成功也有失败，有欢颜也有悲愁，当你遭遇了挫折、困难，并不代表你就永远无法再站立起来。面对这样的情境，你就要以平常心视之，以一种隐忍的态度来对待，心中就不会有压力，也就不会有得失之心。在高潮起伏中、在挫折打击中、在满地荆棘中，学会隐忍，你就可以躲过灾难，可以成就自我。当你学会了隐忍，无形之中就为自己留下了一条宽广的后路，为了再次成功而做准备。中国历来是一个功夫之国，那么隐忍就是中国功夫的一种功夫道德，也是一种社会道德。当你学会了隐忍地做人，那么无意中也会培养自己良好的道德品质。

有的人很较真，眼里容不得一颗沙子，这样的人一定是很傻，那么多的负荷压迫得自己千疮百孔，遗失了独立的从容与淡远。生活不用太多较真，这只会让自己伤害更深，学会以隐忍的态度做人，才能成就自己的一生。

隋朝的时候，隋炀帝十分残暴，各地农民起义风起云涌，在他领导下的许多官员也纷纷倒戈，投向了当地的农民起义军，面对这样的情况，本来就有疑心病的隋炀帝更加胡乱猜疑，他不再相信任何一个大臣，对谁也不轻信。朝中大臣，尤其是外藩重臣，一旦有什么风吹草动，他就开始猜疑了。

当时，唐国公李渊，也是曾多次担任中央和地方官，他每次到一个地方任官，都会有意识地结交一些当地的英雄豪杰，为自己树立了恩德，因而成就了很高的威望，许多人都纷纷慕名而来，归附于他。看着李渊结交了越来越多的勇士，他身边的朋友都替他担心，怕他会遭到隋炀帝的猜忌。而正在这时候，隋炀帝下诏让李渊到他的行宫去晋见。李渊因病未能前往，隋炀帝很不高兴，多少有点猜疑之心。当时，李渊的外甥女王氏是隋炀帝的妃子，隋炀帝向她问起李渊未来朝见的原因，王氏回答说是因为病了，隋炀帝又问道："会死吗？"王氏把这消息传给了李渊，李渊更加谨慎起来，他知道隋炀帝对自己起疑心了，但现在自己手中力量有限，还不足以起事，只好低头隐忍，等待时机。

于是，他故意广纳贿赂，败坏自己的名声，整天沉湎于声色犬马之中，而且大肆张扬。隋炀帝听到这些，果然放松了对他的警惕。

那些凡事能够隐忍的人，最后都会获得成功，这是一种低调处世的智慧。试想，如果当初李渊不够隐忍，意气用事之下就草草起事，很有可能就因为自己力量不足而被隋炀帝除掉了，就没有后来的太原起兵和大唐帝国的建立。所以，隐忍并不是一种懦弱，而是一种素养、一种能力、一种美德，隐忍更是一种聪明。虽然，隐忍是只言片语就能明白的词语，但却是就其一生才能读懂的道理。只有学会了隐忍，才有可能做出一鸣惊人的举动；只有学会了隐忍，才能够忍凡事而成就大事；只有学会了隐忍，才会收获那最后一抹的夕阳。

年轻的时候，难免会年少轻狂，所以注定了要受伤。当你已经不再年轻，就感到生活中很多事情用不着去斤斤计较，忍一忍就过去了。生活教会了你隐忍的态度，这样的一种生活方式将伴随着你一生。隐忍之后的厚积薄发，会给你带来成功与掌声，在这时候，隐忍是一种策略。当然，并不是什么事情都需要忍，这还要注重时机，这时候，隐忍是一种艺术，适当的隐忍是淡定从容，反之则会成为懦弱。

宽容是荆棘丛中长出的谷粒

法国19世纪的文学大师雨果曾说过这样一句话：“世界上

最宽阔的是海洋，比海洋宽阔的是天空，比天空更宽阔的是人的胸怀。”宽容和忍让都是人生的一种豁达，也是一个人内在修养的直接体现。在生活中，学会宽容一点，忍让一步，没有必要和别人斤斤计较，也没有必要与别人争强斗逞，更没有必要凡事那么较真。当你为别人留了一条路，其实也就是给自己留了一条路。宽容和忍让是一种博大的胸怀，它能包容人世间的喜怒哀乐；宽容和忍让是一种人生境界，它能使人生跃上新的台阶。

当你在人生中学会了宽容与忍让，那么你就能明白很多的道理。这个世界本来就是矛盾组合的混合体，任何事情任何人都不会尽善尽美，在朋友之间、恋人之间、父母之间，都会出现这样或那样的矛盾与冲突。有时候，表面上风平浪静，但那些矛盾、苦恼常常被掩饰在成功的光环之下，这时候，恰恰需要宽容与忍让来加以掩盖。

不必去羡慕他人，也不要特别苛求自己，用宽容和忍让的眼光看着这个世界，那样，无论是你的事业还是家庭，亦或是友谊都能长久的稳固，而你将获得幸福的人生。所以，学会低调处世，培养宽容忍让的做人习惯。

宽容也就是一种忍让，当你面对同事的批评、朋友的误解，请学会宽容和忍让吧！这时候，过多的争辩和反击都是不可取的处理方式，只会造成更多的伤害与误解，只有怀着宽容与忍让的心胸，才会化解心中的委屈与他人心中的愤恨。有人说：“宽容与忍让是在荆棘丛中长出来的谷粒。”当你退了一步，自然觉得这个世界宽广了起来。每个人的心里都有着难以诉说的痛苦，数不清的伤痕，如果你不懂得宽容忍让，就会添新伤，旧痕新伤更加难以愈合。这时候，宽容与忍让是一种忘却，忘记过去的是是非非，忘记他人的指责与谩骂，让时间成为最好的止痛药。当你学会了宽容与忍让，忘却了过去，你的生活就充满了阳光，充满了快乐。

第二次世界大战结束后不久，在一次大选中，丘吉尔落选了。他是个名扬四海的政治家，对他来说，落选当然是件极狼狈的事，但他却极坦然。当时他正在自家的游泳池里游泳，是秘书气喘吁吁地跑来告诉他：“不好，丘吉尔先生，您落选了。”不料，丘吉尔听了却爽朗地一笑说：“好极了，这说明我们胜利了，我们追求的就是民主，民主胜利了，难道不值得庆贺吗？朋友，劳驾，把毛巾递给我，我该上来了。”说完，拿过了毛巾，平静地擦干身上的水。

面对自己的落选，丘吉尔却显得那么从容、那么理智，他并没有表现出郁闷的情绪，反倒以一种宽容、忍让的心胸来面对。他虽然只说了一句话，却成功地表现出了一种极宽容豁达的大政治家的风范。

春秋时期，有一天晚上，楚庄王携爱妃大宴群臣。酒至半酣时，一阵大风吹灭了蜡烛。一名武将欲趁黑调戏妃子，被妃子扯下盔甲上的红缨。爱妃建议楚庄王点上蜡烛，要严惩大胆之徒。岂料楚庄王大度，命众将全部摘下盔甲上的红缨后方可点灯。不久，楚庄王亲征与敌国开战，命悬一发时有一将拼死救驾。杀出重围后，楚庄王问其原因，该将答：“我就是那个丢掉红缨的人啊！”

楚庄王的宽容与忍让体现了博大的胸襟，更令那位将士心里产生感激之情。所以，当楚庄王命悬一线的时候，将士带着满腔的感激之情拼死救出了他。这时候，宽容与忍让不仅培养了良好的道德品质，更带给他人一份美好的情感，就如同和煦的春风，点点滋润着他人的心底。宽容与忍让并不是懦弱，而是一种难得的智慧；也不是一种损失，而是一种拥有。与别人为善，就是与自己为善；与别人过不去，就是与自己过不去。这是一种处世的哲理，也是一种生存的智慧。当你以宽容与忍让的态度看待人生和他人的时候，你才可以获得一个自由轻松的人生，才能生活在幸福与快乐之中。

在我们日常生活中，经常会碰到一些矛盾与冲突，有的人不愿意自己吃亏，据理力争，他们以为宽容、忍让就是失去了面子，失去了尊严。所以，最终的结果就是使矛盾不断地升级，不断地激化。其实，宽容与忍让并不会让你失去面子，反而是一种成熟冷静、心胸豁达的表现。宽容与忍让，可以换来别人的感激和尊重，化解彼此之间的矛盾与冲突。

社会本来就是错综复杂的一张网，免不了会与他人发生误会或者摩擦。这时候，培养自己宽容与忍让的做人习惯，让自己的心胸变得开阔起来，那样就会少一份怨恨，多一份快乐，从而赢得更多的尊重。

低调，在不显山露水中成就自我

在我们身边，你会发现这样一群人：他们看上去普普通通，甚至还给人一种很“窝囊”、不中用的感觉。有时候，我们也会对这样的人抱以不屑的眼光，但实际上，千万不可小看这样的人，他们看似表面是弱者，其实却是一个内心坚强的人，他们往往能高能低、能上能下，具有一般常人所没有的远见卓识和深厚的城府。那从他们身上表现的懦弱只是一种假象，迷惑人的假象，这样就可以降低对手的警惕。而这样他们就能够达到自己的目的了，或厚薄激发，或沉默之后的一鸣惊人，或打一个漂亮的翻身仗。这样看来，他们才是生活真正的智者，所以，才会赢得成功的人生。

在现实生活中，绝大多数人个性都太突出，言行举止过于招摇，这在很多人看来，你绝对是一个威胁，他们会时刻警惕你的一举一动，无形之中给自己带来了一些不必要的麻烦。但是，假如你能够弯腰做一个表面的弱者，在对手眼里，你没有嚣张之气、招摇之态，也不具备任何性质的威胁，所以，你可以成就自我，在不显山露水中功成名就。

那些表面的弱者并不是真正的弱者，而是善于收敛自己锋芒的人，把自己伪装成一个没有任何威胁性的人，他们才是人生中真正的大赢家。一个人，无论是已经取得了成功还是尚未出师，都应该学会平稳谨慎，不要张扬，更不能得意忘形而显露狂态。有的年轻人，初出茅庐，凭着自己的年轻气盛，过着张扬、招摇的生活，所以，那条通往成功的路也颇显艰难。

当你得意忘形的时候，已经不知不觉地为自己树下了许多强敌，他们成为你路上的障碍，影响你的成功。而那些表面的弱者则为自己留了一条后路，他不会受到周围人的排挤，相反，他拥有不错的人际关系。他们总是默默地进行自己的事业，如果成功了就有了翻身的机会，如果没有成功也没有其他人知道，他依然是那个看起来不起眼的他，对身边的人构成不了任何威胁。

人们都说刘备一生有三低，这是最著名的人生策略，也奠定了他霸业的基础。一低就是桃园三结义，在桃园与他结拜的人，身份都不怎么样：一个是酒贩张飞，一个是在逃的杀人犯关羽。而刘备身为皇亲国戚，是大名鼎鼎的刘皇叔，却肯与他们结拜为兄弟。但正是这两位看起来不怎么样的义弟，却成为刘备事业最坚实的基础，五虎上将张翼德、儒将武圣关云长，成为刘备的左右手。

二低就是三顾茅庐，当时的孔明不过是未出茅庐的后生小子，刘备却前后三次登门求见。论身份地位、论年龄，刘备都可以称得上是长辈了，却吃了两次闭门羹，连关羽和张飞都在咬牙切齿了，但刘备却毫无怨言，一点都不觉得自己丢了脸面。后来，孔明出山了，为刘备勾勒出宏伟的建国蓝图，他自己也成就了千古名相。

三低就是礼遇张松，张松只是一个卖主求荣，把西川献给曹操的人。但曹操因为大破马超之后，骄傲自满，几次避开不见张松，见面了也兴师问罪，想要将其处死。而刘备却不同，他先是派了赵云、关云长在境外迎候张松，自己还在境内亲自迎接，宴饮三日。张松深受感动，终于把本来打算送给曹操的西川地图送给了刘备，这一次，刘备把西川纳入了蜀国之界。

有时候，我们也会为刘备的懦弱而暗暗着急，其实我们都错了，刘备那是表面的懦弱，却为自己赢来了蜀国霸业。世人都说曹操是枭雄，从这里我们不难看出，曹操这个高傲的狂者最终失去了统一中国的最后良机，而表面弱小的刘备却能获得了天府之国的川内平原。刘备是真英雄，没有一点气势的架子，而曹操傲气冲天、狂态显露，所以难以成就霸业。

为了心中那份理想，做一个表面的弱者又何妨呢。人生本就是这样，道路有直有曲，才会到达山峰，才能成就未来。山涧里的小溪，只是点点滴滴，看起来那么弱小而普通，但它却能够避开岩石，顺着缝隙而下，最终汇入大海，展现出自己的价值。人又何尝不是呢？只有那些能屈能伸的人，才能赢得自己的人生。

深藏智慧，做大智若愚的人

老子说：“大巧若拙，大辩若讷。”意思就是说那些大智慧的人、真正有本事的人，虽然有丰厚的才华学识，但平时像呆子，从来不自作聪明；有的人虽然能言善辩，但表现得就好像不会说话一样。早在几千年以前，老子就一语道破了智慧人生的玄机，那就是我们无论处于一个什么样的位置，锋芒必不可露，不要随处显示自己的聪明。

一个人有绝顶的聪明，有满腹才华，那固然是好事，但在合适的时机运用才华而不被或少被人所妒忌，避免功高盖主，这才是最大的才华。人们常常用“聪明”这样的华丽字眼来形容一个人的智慧，实际上，“聪明”这是个值得玩味的词，它虽然透露出“智慧”，但也隐含着“不稳重、浮躁、爱表现”的意思，所以，有时候聪明也是一个贬义词。真正的聪明人，他是不随便显露自己的聪明，甚至给人的感觉是愚蠢笨拙的，表现得既谦虚又谨慎。

有人认为谦虚或谨慎是一种消极的人生态度，实际上，倘若一个人能够谦虚诚恳地对待他人，就会赢得他人的好感；如果他能够谨言慎行，还有可能赢得他人的尊重。所以，做一个大智若愚的人，深藏自己的智慧，这才是人生至善至美的境界。

一个拥有大智慧的人，他是从来不会到处炫耀自己的聪明和才华，因为他懂得更好地保护自己，这样的人才是真正有智慧的人。有人说，聪明伶俐，人见人爱！其实并不是这样，那些到处显露聪明的人实际上并没有受到人们的喜欢，相反，他们会处处受到排挤，最后郁郁不得志。我们深究其原因，那就是他们锋芒太露，太过张扬，从来不掩饰自己的聪明，甚至为了表现自己的聪明才智，他们常常口若悬河、直抒胸臆，丝毫不考虑别人的感受。或者毫不留情地当面指出对方的错误，不给对方一个台阶下。

也许，当他们表现自己时是得意的，但随后就会沦落为失意者。因为他自以为很聪明的行为，无形之中给自己人生路上增加了莫大的阻碍，还会因为抢了人家的风头而招人妒忌，有的人因为聪明外露而阻碍了自己的前程，也有的人因为聪明外露而招来了杀身之祸。

虽然，在很多时候，我们喜欢把聪明与智慧混为一谈，但实际上，聪明和智慧是两回事，聪明是一种生存的能力，而智慧则是生存的一种境界。世界上真正聪明的人并不多，而智者更是罕见，连大哲学家苏格拉底都说自己是无知的。也许，我们没有办法做一个大智者，但也可以做一个大智若愚的人，掩饰自己的聪明，不妨活得糊涂一点。

郑板桥说“聪明难，糊涂更难”。其实在这里，糊涂更需要智慧，所以，“难得糊涂”实际上就是难得智慧。生活中，我们每个人都想要做一个聪明的人，更是处处展现着自己的聪明才智，殊不知“聪敏外露就是不聪明”。

有人说：“聪明人能装得不让人觉得聪明，那才是真聪明。”那些表面上聪明的人，人们是不喜欢的，聪明并不是坏事，但外露了，就是坏事了，因为会招人嫉妒，另外还会得罪人。所以，尽可能地掩饰自己的聪明，做一个人生路上的大智者。

有时，难得糊涂就是大智慧

从小我们就被教导：有什么不懂得，要学会问为什么。于是，就有了“十万个为什么”，那时候天真的我们以为解决了所有心中疑惑的问题。长大后，我们才觉得这是错了，虽然我们在学习上、工作上，不断地提倡“不懂就要问个明白、探个究竟”，但这并不是放之四海而皆准的道理，比如，人生路上，如果你凡事求个明白、探个究竟，只会平添一些烦恼，给自己多一些心理负荷。有的事情，即使你知道了真相又能怎么样呢，只会在心上多一道伤痕，还不如糊糊涂涂就好；有的时候，即使你明白了又会怎样呢，还是没有办法改变结果，所以，只好接受吧。

在人生路上，不断有人抱怨自己负荷太重，心里太焦虑了，实际上就是因为想得太多的缘故，总想了解事情的细枝末节，殊不知了解得越多，心里焦虑就越多，人生负荷就越重，最终因为承受不了负荷而放弃。俗话说：大糊涂就是大智慧。

所以，面对人生路上形形色色的事情，不妨装装糊涂，人生不必事事求个明白。

人类因为拥有了思想而主宰了世界，但是，在某些时候，思想太多也会是一种负担。想得太多了就会有诸多感触，凡事都想弄个明白，到头来也是庸人自扰之。生活因为平凡而精彩，人生因为糊涂而幸福。那些凡事求个明白的人，他们绝大多数会在焦虑中度过自己的一生；而那些生活的智者，难得糊涂，却能够快乐幸福地过一生。究其原因，那就是他们所面对人生的心态不一样，一个眼里容不得一粒沙子的人，一定会活得比较苛刻，所以，注定了不幸福。

相反，一个能容下这个世界的人，他们活得很豁达，所以，注定赢得了自己的人生。现在，我们的生活变得日益繁杂纷乱，不胜其扰，一些困惑和焦虑也纷至沓来，让我们逃脱不了它们的魔爪。在这时候，如果你真的事事较真，凡事求明白，那你就觉得活着已经没有什么意思。只有难得糊涂，才会让你感觉心里不再堵得慌，感觉一身轻松。糊涂并不是逃避，也不是懦弱的表现，而是一种智者的境界，它让我们以豁达乐观的心态继续活下去。

有两个小和尚为一件小事争得不可开交，谁都不肯相让。第一个小和尚气冲冲地去找老和尚，老和尚认真地听完他的讲述后，告诉他：“你是对的”。于是第一个小和尚得意洋洋地回去了。另一个小和尚不服，也来找老和尚评理，老和尚平静地听完他的陈述，郑重地告诉他：“你是对的”，第二个小和尚满心欢喜地离开后，一直跟在老和尚身边的第三个小和尚不解地问老和尚：“师父，您平时一直教我们做诚实之人，可是今天你对他们两人都说‘你是对的’，这和您的要求相违背啊！”老和尚听后，一点都不生气，笑眯眯地对第三个小和尚说“你是对的”，第三个小和尚顿悟，立刻向师父拜谢。

如果老和尚真的来评理，求个明白、探个究竟，那免不了引起一场纷争，也破坏了几个人之间的情谊。所以，老和尚就装装糊涂，让他们内心都得到了满足，免去了一些争执，这自然是一种莫大的智慧。

正所谓“仁者见仁，智者见智”，从不同人的角度出发，每个人都有自己的道理，只不过绝大多数人往往都会以自己的角度出发，并没有从对方的立场去思考，所以，人与人之间才出现了冲突与矛盾。其实，对于那些人生道路上的事情，只要是不涉及原则的，就完全没有必要事事争个明白。因为在这个世界上，并不是每一件事情都有一个明确的答案，也没有绝对的真理。如果你能怀着一颗善解人意的心，凡事都以“你是对的”这样的想法来考虑对方的立场，那么就可以免去不少冲突与矛盾。

所以，凡事求个明白这样的做法并不是绝对可取的，有时候甚至会给我们带来一些不必要的麻烦和伤害。有时候，也许我们被别人误会了或者受到了他人的指责，这时候，如果你反复解释或者选择还击，就有可能会越描越黑，把本来一件小事越闹越大。事实上，没有必要把每一件事都求个明白，把自己心胸放宽一些，不用去理会那些事情的真相。

在阳光的照射下，灰尘显得特别清楚，却让我们心生烦闷，原来自己所生活的坏境有这么多看不见的细菌。试想，如果我们闭上眼睛感受阳光的沐浴，而不是纠结空气的浑浊，这样生活是不是多了一些快乐，少了一些烦恼呢。所以，不要自寻烦恼，面对人生中的种种，不必凡事求个明白。

你做出头鸟，还是糊涂虫

在我们身边有许多可爱简单的糊涂虫，也有不少喜欢出头的才能之士，他们两者的区别就在于做人的姿态。糊涂虫乐在糊涂之中，甘愿掩饰自己的真实想法，给人毫无威胁之感的亲和之态；出头鸟恃才傲物，处处表现自己，惟恐自己的才华被埋没。所以，这两者的结局也是迥然不同的，糊涂虫秉承“糊涂学”，过着快乐幸福的生活；而出头鸟却因为太出风头，被猎人击中了。

因而，在人生的道路上，我们甘愿做一只什么都不知道的糊涂虫，而不要做处处显风头的出头鸟，因为糊涂虫往往比出头鸟活得长久。也许，有人会觉得糊涂虫的人生哲学有点消极，总是极力地逃避，但实际上这是一种人生的境界，避开锋芒，自显光芒，这才是糊涂虫的美丽人生。

糊涂虫之所以糊涂，因为它在糊涂之间躲过了猎人的追杀，保全了自己，最终得以成就自我；而出头鸟太聪明了，却因为自己的小聪明而丢了性命，又何谈人生抱负？人生难得糊涂一点，你才会赢得属于自己的人生。

杨修是个文学家，才思敏捷，灵巧机智，后来成为曹操的谋士，官居主簿，替曹操典领文书，办理事务。有一次，曹操造了一所后花园。落成时，曹操去观看，在园中转了一圈，临走时什么话也没有说，只在园门上写了一个“活”字。工匠们不了解其意，就去请教杨修。杨修对工匠们说，门内添活字，乃阔字也，丞相嫌你们把园门造得太宽大了。工匠们恍然大悟，于是重新建造园门。完工后再请曹操验收。曹操大喜，问道：“谁领会了我的意思？”左右回答：“多亏杨主簿赐教！”曹操虽表面上称好，而心底却很忌讳。

后来，曹操出兵汉中进攻刘备，被困在了斜谷界口，想要进兵，又被马超拒守，想收兵回朝，又害怕被蜀兵耻笑，心中犹豫不决，正碰上厨师进鸡汤。曹操见碗中有鸡肋，因而有感于怀。正沉吟间，夏侯惇入帐，禀请夜间口号。曹操随口答道：“鸡肋！鸡肋！”惇传令众官，都称“鸡肋！”行军主簿杨修见传“鸡肋”二字，便教随行军士收拾行装，准备归程。有人报知夏侯惇。夏侯惇大惊，遂请杨修至帐中问道：“公何收拾行装？”杨修说：“从今夜的号令来看，便可以知道魏王不久便要退兵回国，鸡肋，吃起来没有肉，丢了又可惜。现在，进兵不能胜利，退兵恐人耻笑，在这里没有益处，不如早日回去，明日魏王必然班师还朝。所以先行收拾行装，免得临到走时慌乱。”夏侯惇说：“您真是明白魏王的心事啊！”他也开始收拾行装。于是军寨中的诸位将领没有不准备回去的事物的。曹操得知这个情况后，传唤杨修问他，杨修用鸡肋的意义回答。曹操大怒：“你怎么敢造谣生事，动乱军心！”便喝令刀斧手将杨修推出去斩了，将他的头颅挂于辕门之外。

杨修为人恃才放荡，数犯曹操之忌，杨修之死，植根于他的聪明才智。他本是一个绝顶聪明的人，而且才华横溢，但其才盖主，这就是犯了曹操的大忌。当曹操无意间说了“鸡肋”，本来曹操就在苦闷，不知道该如何解脱，而杨修却做了一只出头鸟，捅破了那层薄纸，这无形之中就羞辱了曹操，这就是杨修致死的原因之一。人生在世，我们就要善于去吸取这样的教训，甘做糊涂虫，不做出头鸟。

在我们日常生活中，有时候会经常遇到这样的情况：有一些事情，每个人几乎都想到了，也认识到了，却没有一个人当众说出来。实际上，这些人都愿意做糊涂虫，而不愿意做出头鸟。人所共欲不言，言者乃大愚也。

俗语曾说：“枪打出头鸟”。在一些场合，你争着说话，必定是犯了时忌，或者无意间说中别人的痛处，这样你就会倒霉了。所谓“人怕出名猪怕壮”，人出名了，必会招来侧目而视，这就是惹祸的根由。所以，装作什么都不知道是最好的，做一只快乐而单纯的糊涂虫，让自己的生活模糊起来，让自己的人生五彩斑斓。

第6章

任何成长，都需要持久而痛苦的自律

成长是一种蜕皮的痛苦，需要持久而痛苦的自律。在成长的过程中，我们需要与不良习惯做斗争，需要战胜弱点，需要一次次战胜自我，这样我们才能不断成长，最终成就属于自己的精彩人生。

你想要哪一种自由

自由是什么？有人说，身心自由包括：财富自由、时间自由和心灵自由。

财富自由：当我们去商场挑选商品，看好了一件衣服，十分喜欢，不过一看到标签上的价格，那就只好放弃，这就是财富不自由，当我们的消费完全是按照喜好和需求的时候，再也不用看标签上的价格，那就叫财富自由。

时间自由：我们可以自由地支配时间去干自己主观上喜欢做的事情，而绝不再是听凭别人支配你的时间。不拥有时间的人，不可能拥有财富，因为你只能去做别人想要做的事情，不能做自己想要做的事，甚至一生都没有为自己做过一个决定，也没有时间去实施它，最后感到悲哀的就是从来没有为自己做过一次决定。

心灵自由：不会因为损害别人而不安，也不会因为屈从而不宁，一生之中，你的创业成功和爱心使你的所有的亲人都过上幸福的生活，甚至把爱奉献到社会，自己的心灵也会因此而升华。有的人没时间陪父母和家人，每天忙到半夜，为了生活而到处应酬；有的人可能拥有了财富，不过自己必须付出的代价就是家庭和自己的健康，没办法获得心灵的安宁。

周晓微翻译的作品《三乘之舟，法性之山》中，有这样一个关于“寻找自由”的故事：

大概和许多人一样，在我青少年时代，困扰于自由的问题。我出生于1956年，是一个晚熟的孩子，只会抓住好东西的尾巴。在我早年的许多时间里，信奉着自由的思想，寻求着自由的真实体验。没有成为一名扔炸弹的无政府主义者，我成为一名摇动花朵、哲学上的无政府主义者。然而我非常认真看待我对自由的追寻，我深深直觉到自由是可能的——我们作为人类有这个潜能成为完全自由的，存在着某种完全纯净、不受拘束的东西，且存在于我们内心当中。而我的体验是无限限制与挫折之间的冲撞，首先远离我的父母，然后是法律，然后是没有足够的钱。我想这个或者那个挡着我的道，如果没有这些，我会是自由的。

我非常的困惑，无论我是多么想要自由，不受习俗、形式和结构的阻碍，总是似乎有其他没完没了的叠置。我一直遇到局限，因此我一直觉得挫败，我经受痛苦，不知道为什么。

我离开英国开始旅行，想要在某个地方找到自由，任何地方。我去了东南亚，追随着酒神式的生活，像他们那样吃喝、作乐；性、毒品、摇滚；在海岸边的月光下跳舞，同时召唤着自由。不过我的内心觉得得到的是一种令人绝望的践踏，我直觉知道这种颓废的道路并不真的导致自由，所以我寻求更多。

我前往泰国东北部，几乎没有任何西方旅游者到过那里，我发现自己漫步在一个森林寺院中。这里是阿姜查寺院的分支，是他西方弟子们住的地方。重要的是知道泰国森林传统是一种意境狭隘传统的拘谨的结束。这是对已然保守派传统的严格遵守，然而马上对我很明显的是，这些人生活在最奇怪的苦行中，他们还是我见过最愉快的人。他已经作为一名僧侣生活在森林中，在没有任何娱乐的情况下度过了40年。你会想象一个人这样以后会变得非常干巴巴的，但是这儿的这个人却完全自在地生活着。事实上，他完全享受生活，十分满足。

我很快意识到我已经在错误的道路上寻求自由，我记得向自己敞开且轻笑，“我怎会如此蠢的？”那时我从没想过自由会仅仅来自内在。直到那时，我还在一些天性束缚的地方寻找自由。我是通过对抗习俗，通过试图不受社会法则，我个性的命令或者我身体的制约的抑制，来误导了寻找自由之路。

我将自由显现为外在，但是在内心我却是自己信仰和行为的囚徒。只有将注意力转向内在，我才能发现已经存在的自由。

存在主义哲学的大师萨特曾经说过一句经典的话：“人生而自由。”这种自由是因为人的存在而存在的，人不是存在以后而变成自由的，是作为一个存在者就是拥有思想上的自由。这种人类的自由先于人的本质而存在，并使人的本质成为可能，人的最大自由莫过于天马行空般的思想自由，在内在世界里，每个人相对于自己来说就是唯一的君主。

心学的开宗师祖陆象山曾说过：“吾心即宇宙，宇宙即吾心。”同样在说明一个人在内在世界的相对自由，诚然，内在世界的确是相对自由的，人们无法去干涉他人思想上漫无边际的翱翔，就这点来而言，思想的自由是最纯粹的，也是最彻底的。

任何人都没有绝对的自由

自由本就是相对的，自由的相对性不但表现在自由与游戏规则的二元对立统一上，也就是风筝与引线的关系方面，更表现在自由的相对永恒与人类获得的自由的相对性上。自由是相对永恒的，这里的“永恒”有两层意思：一是自由永存人心，照耀人前进；二是彻底的自由永远享有。现实就是这样，自由的外延扩张迂回前进，不过内核不变，自由的精神不变。

自由的相对性还表现在，人类获取的自由的相对性，也就是人类获得的始终是相对自由。任何人不论做什么事情，都不能由着自己的意志，想干什么就干什么，他的自由都是相对的，世界上没有绝对的自由。如某些事情，假如我们不按照一些规则去做，而按照自己的想法去做，结果事情就不可能做好。

自由往往是相对的，假如不在乎自己已有的幸福，不去珍惜现在自己所拥有的一切，而去过分于追求绝对的自由和对立，那么自由无疑是不自由。青春期的孩子们，常常因为讨厌父母的管教而喜欢离家出走，去寻找所谓的自由，不过当他们真正离家之后，才知道在家里是多么的幸福。

风筝为了寻求自由，挣脱人们手中的线，希望能飞上更高的天空，岂料马上就跌落了下来；假如顺着人们手中的线，自由地在天空中飞翔，我想一定能看见最美的风景。这时候自由是相对的，这个世界没有什么是绝对的，自由更是，只有相对，没有绝对。

理智地控制自己的感情和行动

生活中，有多少人能够很好地控制自己呢？想必很多人都无法肯定地回答说："我自控力很好。"什么是自控能力，就是一个人控制自己思想感情和举止行为的能力。人之所以区别于动物的根本点之一，在于人是有思想的，所以能够按照一定的目的，理智地控制自己的感情和行动。

自控是一种力量，自控让一个人头脑冷静、判断准确。当然，自控的人充满自信，同时也更容易赢得别人的信任。只要一个人可以下定决心，决心就会为其自制行为提供力量与后援，可以支配自我，控制情感、欲望和恐惧心理的人，他们往往更容易获得成功，取得更有价值的进步。

一个人应该控制自己的情绪，尤其是当生气的因子在大脑里奔涌时，这时控制自己的思想和言语是多么的困难。自控力稍差的人就会沦为情绪的奴隶，负面情绪席卷而来，不仅让自己烦躁，也会给身边人带来不好的影响。无法完全控制和主宰自己的人，命运不是掌握在他自己的手里。

肖军的父亲以前是职业军人，非常强势，他几乎是从小被父亲揍大的，父亲要求做什么就做什么，否则就是挨一顿揍。母亲也是一个很能干的女人，包括读书、毕业后工作都是母亲安排的。由于父母都比较强势，所以一旦肖军离开家庭，独立工作的时候，由于缺乏父母的管制，所以根本没办法坚持一件事。

肖军毕业后在一家公司上班，刚开始他很勤快，办事也深得领导赞赏。但是没过多久，他就开始懒惰了，早上不按时上班，找准机会就偷懒，尽管一些事情办得还可以，但由于不能坚持到底，总是留了一点没处理好。结果本来可以做得很好的事情，却被他搞了个虎头蛇尾。

后来肖军被老板准备派去开拓新市场，并为他配备了一辆车。由于老板很信任他，也没怎么盯着工作，只是每周例行询问一下进展，肖军回答都是有理有据、头头是道。过了两个月，老板发现好像工作没有一点进展，在没有知会肖军的情况下突然去了工作地方，才发现肖军根本没有开车出去跑市场，天天在家里玩。老板知道真相后，肖军被炒了鱿鱼。

像肖军这样从小就没有培养自控力的人而言，一旦进入到独立宽松的工作环境后，他整个人就会完全失控，无法自制。尽管他聪明，领悟能力也比较强，哪怕他自控能力稍微好一些也会有不一样的前途，但坏就坏在他缺乏自制力。

那么，如何有效提高自控力呢？

人的自制力在一定程度上取决于他们的思想素质。一般来说，具有崇高理想抱负的人决不会为区区小事而感情冲动产生不良行为。因此，要提高自制力最根本的方法是树立正确的人生观、世界观，保持乐观向上的健康情绪。

一般来说，一个人的文化素养同其承受能力和自控能力成正比。文化素质比较高的人往往能够比较全面正确认识事物，认识自我和他人的关系，自觉地进行自我控制、自我完善。用合理发泄、注意力转移、迁移环境等方法，把将要引发冲动的情绪宣泄和释放出来，保持情绪稳定，避免冲动。遇事要沉着冷静，自己开动脑筋，排除外界干扰或暗示，学会自主决断。要彻底摆脱那种依赖别人的心理，克服自卑，培养自信心和独立性。

一方面要加强学习，积累知识，开阔视野，用知识来武装和充实自己，提高自己分析问题和解决问题的水平，并通过学习别人经验来扩展自己决断事情的能力；另一方面，要积极投身到部队生活实践中去，刻苦锻炼，不断丰富经验，提高自己的适应能力。

要培养自己性格中意志独立性的良好品质。对自己奋斗的目标要有高度的自觉。只要你经过自己的实践认准的事，就应义无反顾地走下去，想方设法达到预期目的。不必追求任何事情都做得十全十美，不必苛求自己没有一点失败，不必过多地注意别人怎样议论你。

当需要不能同时兼顾时，抑制一些不可能实现的需要。如古人所云："鱼我所欲也，熊掌亦我所欲也，两者不能兼得，舍鱼而取熊掌也。"

俗话说："凡事预则立，不预则废。"平时注意经常思考问题，增强预见性，关键时刻才能及时、果断、准确地做出选择。

当然，一个人可以自我控制的秘密源于其思想，常常在大脑里思考的东西会慢慢地渗透到生活的角落里去。假如我们成为自己思想的主人，就能够控制自己的思维、情绪和心态，那么，就能够控制生活中可能会出现的情况。

战胜自己，就跨过了人生中最大的栅栏

人生最大的敌人是自己，只要战胜了自己，就跨过了你人生中最大的栅栏。

在这个世界上，最了解你的人就是你自己，人生中最大的敌人同样是自己，一切困难的产生都源自我们的心中，当你明白所有的折磨和障碍全部是自己制造的时候，我们就有机会真正的克服它、战胜它。人生最大的敌人是自己，只要战胜了自己，就跨过了你人生中最大的栅栏。

孟子说“天将降大任于斯人也，必先苦其心志，劳其筋骨，饿其体肤，空乏其身……”上天折磨我们正是要降我们以大任。如果我们在折磨中能够保持乐观的心境，磨炼更加坚强的意志，那等到大任到来的那一天，我们才会更加从容淡定，沉着应对。如果我们一直待在安乐窝里，那么，面对大任，我们就会感到茫然无所适从，面对大任中的困难我们就会退却，失去成大事的基本素质。所以，面对折磨我们要锻炼更坚强的意志。

正德年间，朱宸濠起兵十万攻下九江与南康，当时王阳明正准备前往赣州，因为他知道宁王起兵只能在赣州，他决定去找曾经一起作战且非常了解的伍文定。但是，当他打算坐船去那里的时候，却遭遇南风，因为赣江要向北，而南风逆行，所以船根本走不动，而这时朱宸濠已经知道王阳明的行踪，并派兵来追击。前面路不通，后有追兵，王阳明在绝境之中向上苍祷告：如果上天眷顾天下苍生，就让风向改为北风，说来也巧，等他祷告完了，风向果然变了。

尽管风向变了，但船还是无法行驶，因为船工害怕追兵，王阳明无奈之下只好拔剑将船工的耳朵割下，虽然这样，船还是走得很慢，完全没办法摆脱追兵。就在这危急关头，王阳明有了主意，他与自己的谋士雷济一起跳上小渔船走了，不过在上渔船的时候，他又担心还在大船上的夫人与儿子，不过如果不及时离开，那就无法摆脱朱宸濠的追兵。情急之下，王阳明的夫人拔出剑，逼迫其乘坐渔船离开。等到朱宸濠的追兵赶到，发现船上根本没有王阳明。

尽管处境艰难，但王阳明还是战胜自我，以自己的聪明才智摆脱困境。恐惧源自于想象，折磨源自于内心。一个人内心的屈辱感、对现实的恐惧、对未来的绝望，更能折磨一个人。世界上自杀最多的人是诗人、画家、哲学家，并不是因为他们面对了更多的折磨，而是他们感知折磨的心最敏感，内心不敏感，不足以捕捉生活中的异相，成就作品，内心过于敏感，就更容易感知痛苦、折磨，更容易厌世、轻生。

在非洲中部地区干旱的大平原上，有一种体形肥胖臃肿的巨蜂。巨蜂的翅膀非常小，脖子也很粗短。但是这种蜂在非洲大草原上能够连续飞行250公里，飞行高度也是一般的蜂所不能及的。平时藏在岩石缝隙或者草丛里，一旦有了食物立即振翅飞起。尤其是当它们发现这一个地区气候开始恶劣，就要面临极度干旱的时候，他们会成群结队地迅速逃离，向着水草丰美的地方飞行。而其他的蜂类就不同了，一旦遇到恶劣的天气，成千上万的蜂往往就束手无策，在顷刻之间就无影无踪了。这种强健的蜂因而被科学家们称为非洲蜂。

但是科学家们对于这种蜂却充满了无数的疑问。因为根据生物学的现论，这种蜂体形肥胖臃肿而翅膀却非常短小，在能够飞行的物种当中，它是飞行条件最差的。如果按照飞行条件，它还不如鸡和鸭鹅优越。尤其在蜂的大家族里，它更是身体条件最差的。而根据物理学的理论，它的飞行就更是不可思议的事情了。而再根据流体力学，它的身体和翅膀的比例是根本不能够起飞的！

按照科学家的理论，这种蜂不要说自己起飞，就是我们用力把它扔到天空去，它的翅膀也不可能产生承载肥胖身体的浮力，会立刻掉下来摔死。可是事实却是恰恰相反的，它不仅仅不用借助我们的力量，它完全依靠自己的力量飞行，而且是飞行的队伍里最为强健、最有耐力、飞行距离最长的物种之一。科学家们从来也没有遇到过对科学这样残酷的挑战。因为在这个小小的物种面前，所有关于科学的经典理论都不成立。

折磨分为两个方面，一方面是你肉体、心灵受到的折磨，一方面是你的内心对这种折磨的感知程度。我们内心的屈辱、恐惧、绝望就是一个放大镜，他会让你受到的实际折磨无限扩大，直到觉得无法承受。

一个人最大的敌人就是自己，最大的折磨，就是内心的感知。这并不是要我们麻木无知，而是要我们锻炼心理的承受能力。既然折磨是我们人生中不可缺少的一部分，那就让自己享受折磨，在折磨中变得更加坚强，更加沉着和成熟，收获更加坚韧丰富的人生。

人生最大的磨难，不是生活给了你多少折磨，而是你的内心怎样对待它。只要我们拥有宽广的心胸、坚强的意志、乐观的精神，就能够笑着面对任何苦难和折磨，就能把折磨我们的地狱变成天堂。

高度自律，你会拥有更多的自由

生活中，许多人总是想得太多，做得太少。为了既定目标，我们需要在一个时间段内把最大的精力投入到合适的地方去，而这个过程要求保持高度自律，同时对其他的选择说“不”。大部分人提到自律，总是有一种厌恶，这意味着没有自由。其实，自律是自由的。

20世纪70年代，在WalterMischel的策划组织下，美国斯坦福大学附属幼儿园基地内进行了著名的“延迟满足”实验。实验人员给每个4岁的孩子一颗看上去非常好吃的棉花糖，并告诉孩子可以吃，但是如果马上吃掉的话，只能吃一颗棉花糖，如果等15分钟后再吃的话，就能吃到两颗。然后，实验人员离开，留下孩子和极具诱惑的棉花糖。

门关上之后……5秒、10秒、50秒、 2分钟、4分钟、8分钟、13分钟、14分30秒……不到15分钟的时间，三分之二的小孩都把盘里的棉花糖吃了。当然也有孩子耐心地等了15分钟，最终得到了两块糖。

实验并没有完，更有意思的事情来了。

十五年后，研究人员找到这些已经是十八、十九岁的小孩们。他们吃惊地发现，那些吃了棉花糖的孩子，长大后往往都有一些行为上的缺陷：他们的高考成绩较差，不擅长应对压力环境，与同学相处的也不太好。

而那些没有吃棉花糖的小孩，他们的高考成绩比那些吃了棉花糖的孩子平均要高210分。他们做事更有计划，更善于社交，他们不会沉迷于某物而不能自拔，人生发展得非常顺利。

这一实验的结论就是：有自律精神的孩子，更容易走向成功。生活中，那些不自律的人就是情绪、欲望和感情的奴隶。自律是一种高贵的品质，意味着为一个伟大的目标努力和付出，意味着为了自己所珍视的东西放弃眼前的一些诱惑。因为自律，会让你拥有一颗强大而丰富的内心，面对任何事都能够冷静自若地处理。

富兰克林博学多才，他是科学家、作家、外交家、发明家、画家、哲学家；他自修法文、西班牙文、意大利文、拉丁文，并引导美国走上独立之路。富兰克林年轻时，为了完善自身的品德，他提出了13种应该遵守的德行，它们是：节制。食不过饱，饮酒不醉；寡言。言必于人于己有益，不做无益闲聊；生活有秩序。各样东西放在一定地方，各项日常事务应有一定的处理时间；决心。事情当做必做，既做则坚持到底；俭朴。用钱适当，不得浪费。不干“用损害良心的办法赚钱、用损害健康的方法花钱”的事；勤勉。不浪费时间，每时每刻做有用之事，戒除一切不必要的行动；诚恳。不欺骗人，思想要纯洁公正，说话也应诚实；正直。不做不利他人之事，切勿在履行对人有益的义务时伤害他人；适度。避免极端与不及；清洁。身体、衣服和住所应力求清洁，让自己与环境同步美化起来；镇静。勿因任何事情而惊慌失措；贞节。学会控制自己；谦虚。越伟大越谦虚。

他制作了一本小册子，每一页写上一种美德的名称。每一页上用红墨水笔画出7直行，一星期中每一天占一行，每一行上端注明代表星期几的一个字母。再用红线将直行划分成13个横格，在每一个横格的左边注明代表每一种美德的第一个字母。每天他检查自己在哪一方面有过失，便在那一天该项德行的横格内打上一个小黑点。

富兰克林决定每一个星期对某一种德行给予特别密切地注意，预防有关方面的极其微小的过失。这样，“在几个循环之后，在13个星期的逐日检查后，我会愉快地看到一本干净的册子了”。

在知乎上流传着这样一句话：以大多数人的努力程度，根本轮不到去拼智商。事实上，自律才是成功的敲门砖。所有成功的人都非常聪明吗？当然不是，智商极高和极低的人均是少数，智力中等或接近中等，约占全部人口的80%。而成功人士身上有一种共同的优秀品质，即超强的自律能力。

养成自律的习惯，需要正确认识自己，需要决定什么行为最好地反映你的目标和价值，这个过程就需要自省和自我分析，做一个准确的自我认识。

如果你每天浑浑噩噩，甚至不知道该干什么，又如何会养成自律的习惯呢。自律比较花时间，但需要我们意识到自己不自律的行为。

当自律遭受挑战的时候，需要给自己一些内心暗示，鼓励自己并让自己放心。提醒自己：自律的代价总是要比后悔的代价低的。牢记这句话，每当不自律的时候提醒自己，这会改变你的生活。

自律并不是一种精神上的枷锁和镣铐，而是一种寻求内心平衡的最佳方式。或许你觉得自律的生活非常无趣，其实并非如此，自律的人更容易沉下心来看这个世界，然后进行冷静的思考。他们对世界、生命、自我有更丰富的理解。

朝着目标，每一步都自有价值

歌德曾说："每走一步都走向一个终于要达到的目标，这并不够，应该每一下就是一个目标，每一步都自有价值。"一个人无论他现在多大的年龄，其真正的人生之旅，是从设定目标那一天开始的，之前的日子，只不过是在绕圈子而已。

设定目标必须充分考虑自身的资源，有些人动不动就拿"别人"的标准来衡量自己，结果你还是你，我还是我，你永远也无法达到别人的标准。这样，我们就容易陷入自卑的沼泽里，就会以消极的目标看待自己。

设定目标必须具体而明确，有的人设定目标是"我要……"，结果这样往往是比较笼统的。曾经有位教授做了这样一个实验：让两组势力相同的人练跳高，一组跳杆上没有高度，而教授只是说："好好练习，你们可以跳得更高。"而另一组跳杆上标着高度，而且要求这些人跳到1.6米、1.7米……就这样一步步地跨越。最后的结果显示，第二组的成绩远远比第一组更优秀。所以，我们应该明白，目标并非是多多益善，而是要具体而明确。

叶乔波在10岁的时候就开始踏上了滑冰场，她是个追求完美的女孩子。当初那严酷的训练也让年幼的她疲于奔命，但为了踏上滑冰场，完成心中的梦想，她咬着牙坚持了下来。18岁那年，她的颈椎受伤了，在北京、沈阳几家大医院诊断，都被告知了相同的结论：如果再继续练滑冰，将有瘫痪的危险。于是，摆在她面前的是继续与放弃这两个艰难的选择，但生性乐观、不服输的叶乔波选择了前者。

在1988年，本来已经进驻冬奥会选手前三天的叶乔波突然被国际滑联取消参赛资格，并被罚停赛15个月，理由是她所用的中药里含有禁药成分。即将就踏上了自己的人生舞台，却被告知取消了资格，这次的打击无疑是十分严重的。对于23岁的她，似乎承受不起，因为自己已经没有多少运动生涯了。

面对这样的结果，叶乔波一度丧失了希望，但她还是抱着积极乐观的心态来看待这一切。辛苦训练四年之后，她又一次站在了冬季奥运会上，准备充分的她以一连串令人震惊的成绩让世人刮目相看。这时候，她已经28岁了，困扰着她的依然是艰难的去留选择，她考虑了很久，最终以超人的毅力留了下来，并为自己设定了更高的目标，超越荣誉的决心使她战胜了病痛。

在一次又一次的比赛中，她用自己的身体演绎了完美的神话。即使受着病痛的折磨，她依然展现出最迷人的风采，用不断的奋斗来充实自己的人生。

孟子说："天将降大任于斯人也，必先苦其心志，劳其筋骨，饿其体肤，空乏其身，行弗乱其所为，所以动心忍性，曾益其所不能。"即使周围的环境太艰苦，或者自身所受的折磨太痛楚，但如果你像叶乔波一样明确目标，给自己定位，就一定能拥抱成功。反之，如果你从来没有清晰的目标，不仅对成功没有半点促进作用，而且还会阻碍自己前进的脚步。

太难和太容易的事情都不具有挑战性，也不会激发出女孩的热情。太高的目标会挫伤我们的积极性，反而起到消极的作用；太低的目标，则不会有激励价值。对于难度比较大的事情，不妨分段设定目标，这样就不会给自己太大的压力。目标应有梯度，将目标细化，使其变成长、中、短期，甚至月、周、天，这样就可以沿着楼梯一步步攀登。

我们所设定的目标可以适时调节，并非朝令夕改，而是对完成目标过程中出现的新问题、新现象进行及时反馈。任何目标的达成，都需要一个过程。许多人的毛病不是出在不设定自己的目标，而是对目标的达成缺乏充足的认识。缺乏做足够的努力去实现目标，只希望立竿见影，或者最好是不费力气就可以坐享其成，结果往往无法实现目标。

要想获得成功，我们就必须拥有一个清晰而明确的目标，目标是催人奋进的动力。如果你缺失了目标，即使每天你不停地奔波劳碌，却还是无法获得成功，而成功者之所以能轻松地走到成功，那是因为他们的目标明确。

规划蓝图，做好行动的路线图

古语云：凡事预则立，不预则废。在行动之前要有目标，但仅仅有个目标还不够，在把理想铺铸成现实的道路上，还应该做好规划，规划不仅仅是一种前景目标、一张蓝图而已，它更是你行动的路线图。日标是可以看得见的靶子，每个人都能看到，大家都在朝它开枪，但并不是谁都能打得快和准。

做事没有什么技巧和捷径，主要还是勤奋踏实，尤其是制订有效的行动计划。在拟定目标的时候，每天坚持制定行动计划，而且不管遇到什么特殊情况，都要坚持完成每日给自己制订的任务。

为了实现目标，制订计划就去努力实现它，就可以使自己离目标越来越近，我们在做事前有了计划，就会把自己的行为置于计划之中，这样就有了明确的目的。当然，生活总是千变万化的，总会有某些方面冲击到我们的计划，总会打乱我们的计划，这其实就是理想的计划和实际生活之间的矛盾。在这个长期的磨合之中，我们的意志就会越来越强，坚持自己的学习计划，直到计划达成的那一天。

许多人说自己很无奈，要做的事情太多，每次面对这么多事都无从下手，其实造成这个现象的最大原因就是没有计划性。制订一个计划可以快速提升做事效率，在有限的时间里最大限度地完善自己的不足之处。比如，制订日计划和周计划，将计划与事情相结合，每天哪个时间段做什么事，在多长的时间内应该做完这件事，多久的时间来进行检查，到什么样的程度即可。

坚持计划，就是保持过去适合自己的做事时间不动摇，一次事情的不成功并不能否定你之前制订的有效计划，只有每天按照自己制订的计划坚持下去，才会达成自己的目的。

当我们在开始做任何事之前，都需要为自己制订一个周密的学习计划，短时间的，比如，3个小时工作时间，然后分成若干个时间段，每段时间做哪个方案，如此计划好；长时间的，如看课外读本，半个月的时间看完一本书，每天看几页，一天中的哪个时间段适合看书，这些都需要写在计划里。

每天早上醒来，躺在床上闭着眼睛，想想这一天有哪些事情要做。把这一天的时间都计划好，然后按照自己的计划去严格执行。晚上睡前检查一下，今天的计划是不是都完成了，完成的结果是不是让自己都很满意，就这样，每一天、每一周、每一个月，早晚都要预习和检查自己的计划，才能切实地提高自己的学习效率。

同样是一天，不同的人会有不同的效率。比如，有的人善于科学地安排自己的工作时间，工作和生活井井有条，所显示的效果也很好；有的人却相反，整天瞎忙一团，工作和生活毫无规律可言。对此，我们要清楚自己一周之内需要做的事情，然后制订一张日作息时间表，在表上填一下非花不可的时间，如吃饭、睡觉、工作、娱乐等。

当然，当你制订好一份计划之后，还需要及时调整。当计划执行到某一个阶段的时候，需要检查自己的工作效果，并对原计划中的不合适的地方进行调整。而且，计划制订之后需要坚决执行，否则前面所做的就是无用功。对于那些喜欢拖拉的人而言，坚定执行计划是极具挑战性的。一定要记住：抓住今天，今天的事情今天完成，不要总安慰自己明大一定会完成。

第7章

孤独的痛苦，是一种灿烂涅槃

叔本华说：“人要么庸俗，要么孤独。”如果不想庸俗过一生，那就战胜孤独，在孤独中成就自我。孤独是与生俱来的内在，当你困难的时候，没有人会帮你，必须独自承受；当你获得成就的时候，许多人簇拥着你，但你却要淡化一切。孤独是思考，更是包容。

谁不爱独处，那他就不爱自由

一个人只有在独处时才能成为自己。谁要是不爱独处，那他就不爱自由，因为一个人只有在独处时才是真正自由的。

叔本华说：“对于具有伟大心灵的人来说——他们都是人类的真正导师——不喜欢与他人频繁交往是一件很自然的事情，这和校长、教育家不会愿意与吵闹、喊叫的孩子们一齐游戏、玩耍是一样的道理。这些人来到这个世上的任务就是引导人类跨越谬误的海洋，从而进入真理的福地。他们把人类从粗野和庸俗的黑暗深渊中拉上来，把他们提升至文明和教化的光明之中。”很多时候，独处是一种精神上的自由，至少在独处这段时间，没有谁会打扰到你，只有一个人静享一段时光。

纵观古今中外卓越的伟人，大部分都是孤独者，一个天才的灵魂之所以会回避这个社会，其最终目的也是为了洞察社会。一个真正卓越的人，必须有一颗孤独、勤劳、谦虚的心，独乐其乐，独忧其忧。没有其他人，他自己的评价就能够成为衡量的尺度，他自己的赞美就能够成为最丰盛的奖赏。

嘉宝，至始至终都是孤独的。

一个英国记者说，她的脸是人类进化的终极，她是哈姆雷特以来最忧郁的斯堪的纳维亚人。阿道夫·希特勒也是她的影迷，第二次世界大战的时候，嘉宝曾经说：我要杀了他。她是真正的冷美人，迷茫，失落而孤独。她自己评价：我笨拙、害羞、紧张、恐惧，我的英文过于敏感，这就是为什么我在自己的周围筑起一道高墙，并永远地躲在它的后面。“我将以单身终生”，这是嘉宝在《克里斯蒂娜女皇》里的台词，她很好地实践了它。“你真的没有爱过别人吗？”有人问。“爱过，斯蒂勒。”嘉宝曾四次获奥斯卡提名，却从未得奖，后来奥斯卡委员会为嘉宝特设了一个奖项，以表彰她在电影中闪光的表现，当然她没有去领，她的朋友说，也从来没在她的家里见过那个奖，她是永远的神秘女郎。

在英国有一种为已婚男性开的俱乐部，男性们可以离开家庭到那里去独处一个周末。这并不是他们已经厌烦了家庭，也不是他们想抛弃家庭。他们只是想找一个地方，有几个志趣相投的朋友，一起聊聊天，喝杯酒，甚至是发发牢骚，缓解一下心中的压力。

在心理学家看来，所谓“独处空间”，更多时候是一个概念。就像网络流行语“我想静静”，表达的是一种心理需求状态。这个空间它不局限于某个具体的位置，不一定是封闭的，它更多强调的是“不被打扰，就像回到单身状态”的特征。

她说：“大部分的独处，意味着一种自由，不需从众，可以自我。”她习惯很多事情都在家里做，用自己的方式在家里录音，或是写写歌词，或者擦地板，这里弄一下，那里整理一下，索性把家里全部整理一遍，最后人也累了。她自称自己每次写书的过程都很拖拉，出版社一直催稿，总是要等到有一天想写了，狠下心来把自己关在某个地方，一口气花两个星期把过去一整年想写的事情都写出来。

她的朋友却认为独处不只是个空间的命题，某个程度来说，纵使一个人走在人潮拥挤的大街上也是一种独处，这是精神上的。这个朋友很在意一种精神上的自由，他说“真正的自由是思想上的自由”，举个例子，在电车上看到一个非常令人讨厌的流浪汉，很脏又很丑，这是表象，但你可以透过想象去理解这个人，他过得很苦，生活得很不堪，也可能亲人刚过世……“我可以在面对一个人的时候，脑子里疯狂地编写这个人的故事。”这与事实未必有关，却让想象得以伸展。

她最后总结说：“如果可以在脑子里建构一些真实，应该就算是思想上的自由吧。”

为什么学者会坚守一种孤独与寂寞的状态呢？因为，只有孤独，他才能够清楚地了解自己的思想，如果他居住在僻静的地方，心劳日拙、向往人群、渴望炫耀，那他依然不够孤独，因为他总怀念俗世。如此一来，目不明、耳不聪，也就无法静下心来去思考。如果珍爱灵魂，就应该斩断各种世俗的羁绊，养成独处的生活习惯，这样才能获得蓬勃的发展，就好像林中葱茏的树木，一如田野绽放的野菊。

可以说，拉斐尔、安吉洛、德莱顿、司汤达都身居于人群之中，然而，在灵感闪烁的那一瞬间，人群便在他们的眼中暗淡消隐了。他们的目光投向地平线，投向那茫茫的空间。他们将周围的旁观者忘却在了脑后，他们应对的，是抽象的问题与真理，他们在孤独地思考。

高尚的、人道的、慷慨的、正义的思想，不是群居所能赋予的，只能够通过孤独来得到升华。重要的并不在于与世隔绝，而是保持一种精神上的独立。即使身居于闹市之中，诗人们也依然可以是隐士。有灵感的地方就会有孤独。

孤独是困苦的，但可不要变得庸俗

孤独是困苦的，但可不要变得庸俗。因为这样，你就会发现到处都是一片沙漠。

叔本华孤独一生，无妻无子甚至无母，过着孤独、忧郁和愤世嫉俗的生活。人觉得什么最可怕？孤独。孤独的时候能让人窒息，因为孤独的时候，常常是最无助的时候。那种感觉就好像这个世界就剩下了自己一个人，自己被所有人抛弃了，内心的空虚感、寂寞感一起袭来，有时候甚至丧失了生活的勇气。所有孤独被看作是最可怕的敌人，他们害怕自己会孤立无援，害怕只有自己一个人，因此心灵也会变得十分脆弱。

其实，对人来说，孤独并不可怕，可怕的是当你面对孤独时放弃了生活的希望。人学会战胜孤独，当孤独的痛苦笼罩你时，你就应该面对它，看着它，不要产生任何想要逃的想法。因为，如果你选择逃跑了，你就永远不可能了解它，而它总是悄悄地躲在一边，等着你的下一次孤独的到来。

一个孤独的妇人，她丈夫在几年前去世了，于是她陷入了无法自拔的悲痛中，开始卷入千万孤独大军的队伍中，她被孤独折磨得痛苦不堪，甚至想到了离开这个世界，最后，她想到了朋友，希望能从他那里获得一丝帮助。

朋友用上所有能想到的词来安慰她，告诉她虽然在中年失去自己的爱人是一件非常痛苦的事情，不过随着时间的推移，一切都可以从新开始，她完全可以给自己建立起新的幸福。但是，她似乎对朋友的劝说不领情，她绝望地说："这一切都不可能了！我还会有什么幸福吗？不，根本没有！我的丈夫离开了我，我也不再有年轻的容貌，如今孩子们也都已经长大成人了，我还有什么希望呢？"这位可怜的妇人已经得了严重自怜症，最后，因为自怜症导致的孤独使这位妇人没有了朋友，没有了兴趣，也没有了希望，甚至和自己孩子们也都反目成仇。

其实，孤独是一种常见的心理状态。孤独感是人们在思想上、行为上的体现。人们常常说的孤独其实包含了两种情况。一种是由于客观条件的制约所引起的孤独，他们由于种种原因不得不长期远离"人群"，而以一个人或者是一群人独立起来。比如，有的远离城市到边疆哨所为人们站岗的士兵们；长期坚持在高山气象观测站工作的科技工作者；长期为了工作而四处航行的海员。这样的孤独是一种有形的孤独，因为他们没有亲人朋友在身边。而大多人的孤独是第二中，它是“无形”的孤独。

人的孤独更多的来自于内心深处的寂寞，因为感情，或是因为生存境遇的突然变故，使得他们内心无法承受。孤独的人因为受内心的折磨，精神也受到长时间地压抑，不仅会导致自己的心理失去平衡，还会影响自己的智力和才能的发挥，会引起人的心理上、思想上的坍塌，精神萎靡，甚至失去事业的进取心和生活的信心。

与梅兰芳蓄须明志相似，抗战时的阎立品，剪去一头青丝，远避乡舍，誓不与敌寇汉奸作戏。时人赠“立身不使白玉玷，品高当与青云齐”，由此，她改原名“桂荣”为“立品”，冠盖满京华。1954年，她成为梅先生的破例弟子，1957年她成了右派，文革十年，她被打成混进文艺阵线的黑帮分子，浩劫过后，她重登舞台，二十余年，芳华都空度。还是少女的时候，她即遭受人生重创，立誓终身都不嫁。五十年来，惨淡匠心经营，铮铮铁骨无所畏惧，真真是一曲吊孝催人泪，品高艺也精。

许多有孤独感的人，并不是自己愿意孤身独守。而是他们有的是在人生的路途中遭遇了坎坷，陷入无边的孤独和痛苦中，不可自拔；有的是得不到别人的理解，也不愿意去理解别人，于是选择洁身自好；有的是看不起自己，不相信自己，有一种深深的自卑感。于是，他们在面对孤独的时候，甚至没有抗争，就束手就擒。所以，他们陷入了没有边际的痛苦中，与孤独为伴；而有的人是因为内心世界的封闭使他们无法通过感情交流来建立真正的友谊，友谊的缺乏使现代人陷入一种强烈的孤独感。

有的人这样来描述自己的感受："在这个世界，我感到孤独、嫉妒、愤怒、紧张。"无论是因为人生境遇，还是因为自己的感情失意，人的孤独在无形中已经成为了他通往正常工作和生活的阻碍。

所以，孤独对于人，是非常可怕的。面对孤独，要学会战胜孤独，才能在自己的事业上取得成就，才会扬起生活的风帆。

不曲意奉承，努力做好自己

他们必须生活在世俗男女当中，但却又不曾真正地属于这些俗人。从早年起他们就已经感觉到自己明显与他人有别，但只是随着时间的流逝才逐渐清晰地认识到自己的处境。他们与大众本来就有精神上的分离，现在，他们刻意再辅之以身体上的分离：任何人都不可以靠近他们，除非这些人并不属于泛泛的平庸之辈。

一说到“世俗”，就连那些目不识丁的老太太顷刻间也会心领神会。“世俗”到底是什么？举个很简单的例子，如果你想问题、做事情以及处理大大小小的细节方面都会按照别人一样的想法思考问题的时候，那么，你就世俗了。当然，对待世俗，每个人都有自由的权利。任何一个人都可以选择世俗，也可以选择超凡脱俗。虽然，“世俗”确实是存在的，但是，人们在谈到它的时候，难免会皱眉，这个词儿毕竟是贬义大于褒义。对于社会中的一份子，如何对待世俗，才能获得身心轻松呢?

对世俗，我们应该了解，应接受。你应该明白，哪些是世俗的，并且接纳它们。当然，你也可以选择与屈原一样，不与世俗同流合污，遗世而独立。但是，我们却不能成为屈原，当别人都在骂我们是疯子的时候，你没勇气向屈原一样对他们说出“举世皆醉我独醒”的话来。

陶渊明曾写了这样一首诗：“少无适俗韵，性本爱丘山。误落尘网中，一去三十年。羁鸟恋旧林，池鱼思故渊。开荒南野际，守拙归园田。方宅十余亩，草屋八九间。榆柳荫后檐，桃李罗堂前。暧暧远人村，依依墟里烟。狗吠深巷中，鸡鸣桑树巅。户庭无尘来，虚室有余闲。久在樊笼里，复得返自然。”

在封建社会，多少人读书不过都是为了求得一官半职而苦读十载，但陶渊明却竟然不愿意为五斗米折腰而愤怒辞官归隐。他两袖清风，一气之下官场愤然绝迹，如此的高风亮节确实让人拍案叫绝。

官场黑暗，陶渊明愿意与世俗无缘，愤然辞官归隐。当然，做出这样超凡脱俗的举动是不为世人所理解的，代价也是很大的。在现代社会的我们，早已经成为了社会中的一份子，夹杂在各种各样的关系中，我们不能脱离了社会而独立存在。或许，我们做不到无缘世俗，但却可以做到“不逢迎世俗”。

在历史上，有许多世俗到了极点的人，正因为他们将“世俗”坚持到底，反而走向了另外一个极端，慢慢地，从世俗走向了卑鄙、无耻、市侩。比如，一千多年前的秦桧，他就是一个世俗到极点的人，为了一己之私而不择手段地做出卑鄙之事：假传圣旨宣岳飞收兵回府，将岳飞父子以“莫须有”的罪名杀害于风波亭。因过度世俗，秦桧成为了历史上卑鄙无耻之徒的“典范”。

有人说，陈道明是活在夹缝中的人。在他那精湛而淳朴的生活艺术中，感性与理性并存，清高与亲切并存，冷漠与多情并存，超脱与世俗并存。听说，陈道明平时就爱干四件事：读书、上网、弹琴、打球。不过，在网上的一个关于他的资料库里，还赫然写着：麻将。看来，对于世俗的东西，他还是接受的。

大多数明星喜欢活在鲜花与掌声中，但他却不一样，低调的华丽显现他超凡脱俗的气质。许多明星硬是编也要为自己编一个绯闻故事，但他却远远躲着绯闻。对于世俗，他从来不逢迎，问到他最喜欢的事情，他只是这样回答：“我最喜欢的事？就是搬一凳子，往那儿一坐，看天发呆。”

张爱玲曾在《天才梦》中说："……直到现在，我仍然爱看《聊斋志异》与俗气的巴黎时装报告……"似乎，她这个女人确实俗透了，但是，仔细一端倪，发现她的世俗却又是别具一格的。生活中，没有一个人能真正地做到超凡脱俗，我们不过都是一介凡夫俗子，又怎会脱离世俗而存在呢？对世俗，我们要多了解，主动接纳它，但是，对于世俗的人和事，不要曲意奉承，而是努力做好自己。

我们需要了解世俗、接受世俗，不过，并不逢迎世俗。简单地说，我们可以很好地融入世俗的社会，但是，自己却不要成为一个世俗的人，所谓"出淤泥而不染"，道的就是如此。

雄鹰，把家筑在孤独的高处

真正伟大的思想者，就像雄鹰一样，把自己的巢穴建筑在孤独的高处。

一位成功者经历了三次重大的危机均化险为夷，屹立不倒，对此，有人问他"令自己转危为安的灵感来自何处？"他说："林中独步。"孤独的思考，形成一种通盘布局的判断力也是确保你的奋斗能够成功的必备条件。真正优秀的人一定觉得自己是孤独的，他们也清醒地认识到自己的优秀来源于一份孤独。

在这个世界，没有任何一个人能随随便便成功，因为罗马城也不是一天就建成的。一步登天的奇迹，以及一蹴而就的成功，那也是经历了上百次的尝试，才铸就了这样短暂的光辉。

俗话说："台上一分钟，台下十年功。"有可能在台上表演的时间往往只有短短的一分钟，但为了台上这一分钟的表演时间，许多人却要为此付出十年的孤独努力，甚至需要煎熬更长时间的孤独。

成功不是一蹴而就的，是靠每一天的艰苦付出所建成的，做每一件事就好像建罗马城一样，你要想把它建成、建好，就必须付出超人的代价和心血。我们应该记住，通往成功的道路从来都不会是一条风和日丽的坦途，人生必须渡过逆流才能走向更高的层次，最重要的是在这个过程中学会孤独，蓄积待发，最终一举成功。

很久以前，有一个养蚌人，他很想培育出一颗世界上最大的最美的珍珠。于是，他去大海的沙滩上挑选沙粒，而且一颗颗地询问它们："愿不愿意变成珍珠？"那些被问到的沙粒，一颗颗都摇头说："不愿意"。就这样，养蚌人从早上问到晚上，得到的都是同样一句话："不愿意。"听到这样的答案，他快要绝望了。

就在这时，有一颗沙粒答应了，因为它的梦想就是成为一颗珍珠。旁边的沙粒都嘲笑它："你真傻，去蚌壳里去住，远离亲人和朋友，见不到阳光雨露，明月清风，甚至还缺少空气，只能与黑暗、潮湿、寒冷、孤寂为伍，多不值得！”但是，那颗沙粒还是无怨无悔地跟着养蚌人走了。

斗转星移，多年过去了，那颗沙粒已经成为了一颗晶莹剔透、价值连城的珍珠，而那些曾经嘲笑它的伙伴们，有的依然是沙滩上平凡的沙粒，有的已经化为了尘埃。

一个人成功的过程就无疑是一颗沙粒变成珍珠的过程，在这个过程中，你需要经历痛苦与枯燥，而且你必须等待着、忍耐着、孤独着，当你走完黑暗与苦难的隧道之后，你才会发现，原来平凡如同沙粒的你，在不知不觉间已经成为了价值连城的珍珠。

有个年轻人刚从学校毕业，来到一家杂志社应聘工作，等他赶到杂志社的时候，那里已经挤满了前来找工作的人。过了一会儿，走过来一个人，他自称是杂志社人事处的工作人员，给所有应聘的人每个人发了一份简历表，大家纷纷掏出笔，趴在走廊的椅子上填表。接着，那个人事处的工作人员领着大家走进了一间办公室，说道：“主任现在正在开会，请大家在这里等待他来面试。”大家等待着，一个小时过去了，那个主任还是没有出现，又一个小时过去了，有的人已经开始烦躁不安，几个人在屋子里走来走去，嘴里小声嘟囔着什么，年轻人的心情也开始变得烦躁起来。

眼看快到中午了，有人开始忍不住了，他们收拾东西出门了，而且将门摔得特别响。年轻人也已经不耐烦了，也想跟其他人一样走掉，但他转念一想，自己等了那么久，什么也没等到，那就再等等吧。到了12点了，人几乎都走光了，只剩下这个年轻人和一个坐在他对面的人，那个人看上去很精干，但与年轻人不同的是，他坐得很舒适。

年轻人忍不住问："你是来应聘什么职位的？"那个人扭过来看了一眼年轻人，漫不经心地回答说："我不是来应聘的。"年轻人惊讶极了："那你在这里等了一上午做什么呢？"那个人没有回答年轻人的问题，而是提出了一个问题："你觉得在杂志社工作需要具备什么样的条件呢？"年轻人想了想，回答说："细心，当然，还有一点也很重要，就是耐心。"听了年轻人的话，那个人脸上露出了笑容，说道："恭喜你，你被录取了。"年轻人这才明白，原来这位精干的人就是主任，也就是这次面试的主考官。

从这个故事可以看出，那位年轻人并非是甘于现状的人，他忍受着等待的枯燥、痛苦、孤独，但他更明白，自己这样的等待不能一无所获，而是需要有所获得，哪怕是见上面试官一面也好。然而，正是这样不甘于现状的心态让他最后赢得了那份工作。

一个人若是不付出，不努力，就梦想着成功，那根本就是做白日梦，时间不会给予你任何东西，只会给你的人生留下一段空白。生活就是这样，你需要付出，才能有所收获，而这样的付出是不间断的，一旦你放弃了，那你所即将获得的成功也会随之不见。

在更多的时候，你的孤独与收获是成正比的，你孤独的时间越长、艰辛越多，你收获的东西也将越多。相反，如果你根本无法学会孤独，只想坐等成功，那是根本不可能的，你终究等来的是一场空。

坚持心中的梦，梦想终究照进现实

天才乐于孤独寂寞，一个人热衷于社交的程度正相当于他在理智上贫乏和庸俗的程度。查尔斯·詹姆士·福克斯对那些面对艰难的孤独时刻从不灰心丧气的人，总是寄予厚望，他说："年轻人首次登台亮相就博得满堂喝彩当然不错，不过我更欣赏在失败后还能一再尝试的年轻人，这才是生活的强者，他们往往比首战告捷的人发展得更好。"在追寻梦想的路程中，挫折与孤独最能考验人的意志，也最容易让一些人胆怯、恐慌、生气和抑郁。但是，只要我们坚持心中的梦，忍受孤独时刻，那最终会等来梦想照进现实的一天。

1967年夏天，美国跳水运动员乔妮·埃里克森在一次跳水事故中身负重伤，导致全身瘫痪。乔妮怎么也摆脱不了那场噩梦，不论家人和亲友如何安慰她，她总是认为命运对她实在不公。

她曾经绝望过，但最终她开始冷静思索人生的意义和生命的价值。她借来许多介绍前人如何成才的书籍，一本一本认真地读了起来。

她虽然双目健全，但读书也很艰难，只能靠嘴衔根小竹片去翻书，劳累、伤痛常常迫使她停下来。休息片刻后，她又坚持读下去。通过大量地阅读，她领悟到残疾也可以成才。于是，她想到了自己中学时代曾喜欢画画，为什么不能在画画上有所成就呢？乔妮捡起了中学时代曾经用过的画笔，用嘴衔着，练习开了。

这是一个十分艰辛的过程。用嘴画画，很多人连听都未曾听说过。许多年过去了，她的辛勤劳动没有白费，她的一幅风景画在一次画展上展出后，得到了美术界的好评。

后来，乔妮又想到要学文学。经过艰辛的努力，乔妮再次成功了。1976年，她的自传《乔妮》出版了，轰动了文坛，她收到了数以万计的热情洋溢的信。两年又过去了，她的《再前进一步》一书出版，后来还被搬上了银幕，影片的主角就由乔妮自己扮演，她成了千千万万个青年自强不息、奋进不止的榜样。

生命中，往往是那些艰难的孤独时刻成就了我们。生命中没有逆境，也就无法使才能与智慧获得增长。如果你想采摘玫瑰，就不要怕刺扎破手指。人的一生中不可能只有成功的喜悦而没有遭受挫折的痛苦，一个人如果能在失望与绝望中看到希望，抓住新生，他就已经获得了一半的成功。

人生中没有直路，当乔妮踏上人生征途之后，就做好迎接挫折挑战的准备，面对挫折坚强不屈，绝不退缩，把挫折当成奋斗的阶梯，当成磨炼生命的礼物，用自信、乐观和毅力面对挫折，用坚强、镇定和勇敢战胜挫折，这样她才能一步步地实现自己的梦想。

年轻人若想成为优秀的人，那就需要经得起挫折的历练，经得起艰难的磨砺，因为成功需要风风雨雨的洗礼。一个有追求、有抱负的年轻人，他总是将艰难与孤独当作动力。敢于乘风破浪，让困难成为自己的垫脚石。艰难时刻对于自立的年轻人来说是一块成功的跳板，对坚强的年轻人来说则是一笔宝贵的财富。

生活中的艰难和孤独是必然的，所以，当我们遇到它时没有必要怨天尤人。面对艰难的孤独时刻，不要畏惧，迎难而上，直面困难，将生活中的每一个艰难都当作是上天对我们的考验。只要我们心中怀着必胜的信念，对自己说："我能行！"那么，那些艰难的孤独时刻最后往往会成就我们。

第8章

不经冬寒，不知春暖花开

雾气弥漫的清晨，并不意味着是一个阴霾的白天。当生活出现波折，有了出乎意外的变故，别担心，幸运并非没有恐惧和烦恼，厄运并非没有安慰与期望。那么，别怕脚下道路的泥泞，不经冬寒，不知春暖花开。

想从困难中有所获得，就跟它做朋友

如果我们想从困难中挖掘点什么，那就要学会跟它成为朋友。

拿破仑说：“人与人之间只有很小的差异，但是这种很小的差异却可以造成巨大的差异。很小的差异即积极的心态还是消极的心态，巨大的差异就是成功和失败。”当生活的困难从天而降的时候，人们总会有两种截然不同的心态：有的人感觉到天都塌下来了，什么都完了，他总是与困难较劲，除了抱怨还是抱怨，似乎他的整个生活都已经被不幸吞噬了；而有的人则保持乐观的心态，他们甚至会将那些灾难和不幸当作朋友，最后，他们就真的在磨难中有所活得，从而赢得人生的一笔宝贵财富。

我们可以清楚地看见，前者是拥有消极心态的人，在困难面前，他只会较劲、抱怨；后者是拥有乐观积极心态的人，他总是将生活中的困难当朋友一样看待，若是朋友，又怎么会担心给自己的生活带来不幸呢？所以，当生活遭遇不幸，别和困难较劲，而是让困难成为你的朋友，只要你抱着这样的心态，就一定能战胜艰难困苦，最终走向成功。

拥有18亿元身价的俞敏洪是新东方教育集团的创始人。

1980年经过两次高考落榜后，俞敏洪考入北京大学外语系，在北大读书，俞敏洪不会吹拉弹唱，不会说普通话，他经常得到的就是老师和同学的“白眼”。英语老师评价俞敏洪说：“只能听懂俞敏洪三个字，鹦鹉都不如。”这些刺耳的话语令他刻骨铭心。之后，他一天十几个小时地狂听狂背，创纪录地熟练掌握了8万个英语单词。

1984年俞敏洪留校当了教师，却依然被北大边缘化。六七年之后，为了赚取出国学费，俞敏洪就到校外的民办外语培训机构教课，被北大发现后受到了严肃的通报批评。他愤然辞职开始了新东方创业历程。最初，他租用中关村二小的一个小平房，俞敏洪自己拎着糨糊桶，不得不在零下十几度的冬夜到处张贴招生广告。1995年，新东方急速膨胀发展起来，拓展了业务领域，完成了向现代公司的转变。到年底时，在校学生数已经达到千人的规模。

据公开资料统计，现在每年有近1000万人在接受着新东方的英语培训。2005年9月7日，新东方成功登陆纽约证券交易所，发售了750万股美国存托凭证，一举融资额为1.125亿美元。新东方成了第一家在海外上市的中国教育培训公司，俞敏洪成了有史以来中国最富有的教师。

俞敏洪的成功是在困难中历练的结果，他那坎坷不平的人生道路造就了俞敏洪不屈不挠的性格，也造就了俞敏洪踏实前行的人生之路。他的故事告诉我们：成功的人生必然要接受困难的洗礼。当我们无法回避困难的存在时，要学会与困难成为朋友。人生旅途道路曲折，有高就有低，有起就有落，困难是客观存在的，如果我们想从困难中挖掘点什么，那就要学会跟它成为朋友。

格哈德·施罗德出生在一个工人家庭，小时候，父亲在远征苏联的战争中牺牲，施罗德兄妹五人与母亲相依为命。有一段时间里，他们住在一个临时搭建的收容所里，尽管母亲每天工作长达14个小时，但仍然不能满足家里的开支。年仅6岁的施罗德总是安慰母亲："别着急，妈妈，总有一天我会开着奔驰来接你的。"

逐渐长大的施罗德进了一家瓷器店当学徒，后来又在一家零售店当学徒，在1963年施罗德加入了民主党。在之后的10年里，他读完了夜校和中学，后来到格丁根通过上夜大来攻读法律。大学毕业后，他获得了律师资格，成为了一名律师，不久之后，他当选为社民党格廷根地区青年社会主义者联合会主席。在以后的日子里，施罗德一直活跃于德国政坛，46岁那年，施罗德再次竞选成功，成为萨克森州州长，就是在这一年，施罗德实现了儿时的愿望，开着银灰色奔驰轿车将母亲接走了。也许，是儿时的苦难记忆，施罗德在人生的道路上丝毫不敢懈怠，8年之后，施罗德一举击败连续执政16年之久的科尔，当选为德国新总理。

童年时期的施罗德曾在杂货铺里当学徒，那时他常说的一句话是：“我一定要从这里走出去！”他成功了，而且，比自己想象中走得更远。即使，在成功的路上伴随着困难，但是，施罗德从来没有把困难当成一回事，儿时的记忆让他明白：自己必须与那些客观存在的困难成为朋友，这样自己才能走得更远。

有人说，人生是由幸福和痛苦组成的一串珍珠。谁也无法回避四季的风雨冰霜。困难只能使成功者受到历练，除此不会有任何伤害。要有一种战胜困难的信心和勇气，锻炼人的品质，磨砺人的意志，激发人的智能，增长人的才干，显露人的本色。在生活中，只要我们有信心战胜困难，那就一定能拥抱成功。

当困难降临，如果我们总是与困难较劲，不断地抱怨生活的不公平，这样做有什么意义呢？不仅解决不了困难的问题，反而会让自己心情变得更糟糕。在困难面前，如果暂时不能战胜它，就先跟它成为朋友，了解它，这样才能寻找出解决的办法。

经历成长的蘑菇，会迎来阳光普照

蘑菇的经历是成功必须经历的一步，只有那些能够忍受一切的人才能得到阳光普照的机会。

所罗门把一个小女孩带到稻田，跟她说：“你不是想要一件贵重的礼物吗？我可以赏给你，但你要替我做一件事情：把这片稻田里最大的稻穗选出来，拿给我。”小女孩子高兴地答应了，所罗门接着说：“但是，我有一个条件，你在经过稻田时，要一直向前走，不允许停下来，也不能退回来，更不能左右转弯，你要记住，我给你的礼物，是与你选择的稻穗大小成正比的。”结果，这个小女孩从稻田里走出来时，什么礼物也没有获得，因为她在一路上总是嫌所看见的稻穗都太小了。

当我们总是眼高手低的时候，最后的结果将是一无所获。蘑菇生长在阴暗角落，由于得不到阳光又没有肥料，常常面临着自生自灭的状况，只有当它们长到足够高、足够壮的时候，才被人们所关注，事实上，这时它们已经能够独自接受阳光雨露了。这就是心理学上著名的蘑菇定律，最初蘑菇定律是由一批年轻电脑程序员总结出来的，通过蘑菇的生长历程，他们联想到了人所必须经历的历程。

我们刚开始进入社会的时候，像蘑菇一样不受重视，只能替人打杂跑腿，接受无端的批评、指责，得不到提携，处于自生自灭的过程中。由于蘑菇生长必须经历这样的一个过程，而同样的道理，我们每一个人的成长也需要这样一个过程。

卡莉·费奥瑞娜从斯坦福大学法学院毕业以后，她所做的首份工作是一家地产公司的电话接线员。费奥瑞娜每天的工作就是打字、复印、收发文件、整理文件等杂活，父母与亲戚对费奥瑞娜的工作感到不满意，认为一个斯坦福大学的毕业生不应该做些杂活。但是，费奥瑞娜却没有任何怨言，她继续一边努力工作，一边学习。有一天，公司的经纪人向费奥瑞娜问道："你能否帮忙写点文稿？"卡莉·费奥瑞娜点了点头，凭着这次撰写文稿的机会，她展露了自己卓越的才华。在以后的日子里，卡莉·费奥瑞娜不断向前发展，后来成为了惠普公司的CEO。

卡莉·费奥瑞娜的成功案例成为哈佛商学院学子的案头必备研究，我们任何一个人在成长的过程中，都将注定经历不同的苦难、荆棘，那些被困难、挫折击倒的人，他们必须忍受生活的平庸；而那些战胜苦难、挫折的人，他们能够突出重围，赢得成功。哈佛告诉我们："一个人克服一点儿困难也许并不困难，难得的是能够持之以恒地做下去，直到最后的成功，在人生的逆境中坚定地走下去。"

当我们不幸被看成"蘑菇"的时候，如果只是一味地强调自己是"灵芝"并没有任何作用，对于我们而言，利用环境尽快成长才是最重要的。当自己真的从"蘑菇堆"里脱颖而出的时候，我们的价值就会被人们所认可。虽然，蘑菇的成长经历给我们带来了压力和痛苦，但是，这些难忘的经历却有可能让我们赢得成功。哈佛大学的荣誉博士J.K.罗琳就是最典型的例子，她是一位中年女性，在事业最黯淡的时候，她开始拿笔写作，结果，她写出了享誉世界的《哈里·波特》。

在人生中总是有着种种的不如意，但是，一个意志坚强的人能够将逆境变为顺境，在挫折中寻找转机，他们在逆境中坚定地走了下去，最后获得了成功。相反，有的人缺少生活的历练，一旦遭遇挫折或身陷逆境，一次输给了自己，就意味着永远输给了自己。

每个人都渴望生活如鱼得水，都希望事业获得成功，但是，上帝不会把这些白白赠予你，只有不畏惧蘑菇的经历，那么成功一定是属于你的。蘑菇的经历是成功必须经历的一步，只有那些能够忍受一切的人才能得到阳光普照的机会。

成功的人生是痛苦与失败的交织

笑纳生活赐予的麻烦，缔造斑斓的人生。

生活因充满各种各样的麻烦才变得多姿多彩，或许，我们都不喜欢生活赐予自己的麻烦，当他与自己不期而遇的时候，你也不要掉头或转向，因为麻烦是一个魔鬼，一旦他看上你，就会对你穷追猛打，不舍不弃。而那些不接受生活赐予麻烦的人，只会被麻烦纠缠得更悲惨。生活中，我们要学会笑纳生活赐予的麻烦，缔造斑斓的人生。

曾经有人说："成功的人生是痛苦与失败的交织，是磨难与顺利的交替。"如果你害怕生活中会出现麻烦，那你就会永远丧失走向成功的机会。卓越的人生是从卓越的目标开始的，卓越目标的背后必然是充满着麻烦的道路。经受了那些麻烦的打搅和坎坷的摔打，我们追求成功的意志才能坚强起来，可以说，历练是人生不可多得的宝贵财富，拥有这笔财富，再多的麻烦问题也能解决，没有什么麻烦可以把人吓倒。当我们解决那些麻烦问题之后，方能缔造斑斓的人生。

当生活的麻烦找到我们，我们应该记住，除了接受这些麻烦，努力去解决这些麻烦问题，别无他法。而且，没有人能够帮助你，如果你总是与麻烦较真，希望自己能获得别人的帮助，那这样的想法未免太天真了。其实，每个人都有解决麻烦的能力，许多人解决不了人生或大或小的麻烦，那是因为他们没有接纳麻烦的良好心态，因此才无法缔造绚丽的人生。

在生活中，总有这样或那样的麻烦出现，这会给我们的心灵带来巨大的压力，许多人会因为这些压力而变得一蹶不振，甚至会因此而失去生活的勇气。其实，许多麻烦问题并不像我们想象的那么严重，面对这些狂风暴雨，假如我们能够尝试对自己说“不要紧”，接纳那些生活赐予的麻烦，那我们就会缔造出无比灿烂的人生。

在生活中，我们每时每刻都可能遇到那些不如意的麻烦事情。其实，不要小看那些麻烦，那其实是生活赐予我们的宝贵财富，如果我们固执于此，任自己较真、沉溺在痛苦之中，这样我们只会更加烦恼。不如对自己说：“没关系，不要紧，风雨之后，肯定会有彩虹。”这样想来，那些麻烦的问题还能算什么呢？

相比较人生的挫折，生活中那些麻烦的小事情根本算不了什么。如果我们还总是为生活的琐碎事情而较真，那无疑是折磨自己。学会接受生活赐予的麻烦，通过解决这些麻烦问题，领悟生活的真谛，然后缔造斑斓的人生。

逆境是成功的前奏，是一笔宝贵的财富

逆境是成功的前奏，是一笔宝贵的财富。

每一种挫折或不利的突变，都带着同样或较大的有利的种子。换而言之，即便在黑暗的逆境之中，也往往孕育着璀璨的成功。在逆境中，往往隐藏着宝贵的经验与信念，其实，逆境是一笔不可缺少的财富。虽然，我们在遭遇逆境，面临失败的时候，都会产生某种程度的负面情绪，不过，假如自己长期与逆境较真，深陷其中不能自拔，那我们注定会遭遇失败。

莎士比亚曾说："逆境使人奋进，苦尽才能甘来。"在人生道路上，成功没有巅峰，追求没有止境，短暂的荣誉往往会束缚着人们前进的手脚，一时的辉煌往往会消减人们的斗志。而逆境，让人痛心更催人奋进，让人难堪更让人坚定，让人们在放弃时能鼓足勇气，想逃避时拾起自尊。逆境是成功的前奏，是一笔宝贵的财富。在逆境中奋进，在低谷中抓住机遇，不断地尝试，最终一定会拥抱成功。

1896年4月6日，现代奥运史上的第一个世界冠军诞生了，他就是詹姆斯·康纳利。

康纳利1895年被哈佛大学录取，学习古典文学。在学校时，他已经是当时全美三级跳远冠军了。听说奥运会即将在雅典举行，他便向学校请8周假前去参赛，但学校拒绝了他的要求。康纳利执意要到奥运会上一试身手，于是他离开了哈佛，自己争取到参加奥运会的资格，成为由11人组成的美国代表团的成员之一。

与他一同前去的其他美国同伴都是波士顿体育协会麾下的运动员，参赛是免费的。而康纳利太穷了，他享受不到这种待遇。他这次参赛是在一家很小的体育协会的赞助下才达成的。由于资金紧张，他花掉了自己仅有的700美元的积蓄，才登上了德国德福达号货船。

就在启航的前两天，他伤了后背，几乎毁了他的全部计划。幸运的是，在从纽约到那不勒斯的17天航行中，他的伤痊愈了。但是刚下船，他的钱包又被人偷走了。这还不算，更为糟糕的事接踵而来：因为希腊历制和西方历制不同，比赛在他们到达的第二天就开始了，而不是他们原以为的12天之后；而对他更为不利的是，他的三级跳远项目的起跳要求是单足跳、单足跳、起跳，而不是他从小练习的传统跳法单足跳、跨步、起跳。

4月6日下午，三级跳远比赛开始了。在其他运动员跳完之后，康纳利最后一个出场。他走到沙坑前，把帽子扔到了一个别的运动员跳不到的位置上，大声呼喊自己要跳到帽子那里去。他在跑道上加速，按照新的规则，先两个单足跳，然后起跳，最后落在比他的帽子更远的地方，跳出了13.71米的好成绩，成为当之无愧的现代奥运史上的第一个冠军。

虽然，黑暗的逆境之中隐藏着璀璨的成功，但是，如果你连逆境都战胜不了，又何来成功呢？在人生的旅途中，明明知道成功就在前方，在逆境面前，有的人还是选择放弃了，最终他们丧失了成功的机会。所以，在逆境中，别畏惧，只要我们能够坚持到底，就一定能获取成功。

走过荆棘才会珍惜花朵的芬芳

经历黑暗才能懂得光明的可贵，走过荆棘才会珍惜花朵的芬芳。

在一次地震中，一位面容憔悴、身体单薄的女教师告诉记者："从废墟中走出来，让我更懂得珍惜生命，会克服以后生活和工作上的更多困难，善待爱我的人和这个充满爱的世界，感谢我还活着！"原以为，灾难带给我们的只有不幸，如此看来，灾难带给我们远不止它本身，还有一颗感恩的心。

灾难，让我们学会了守望。没有守望，我们就不会变得更加坚强。似乎，灾难总是青睐那些沉浸在幸福中的人，从幸福到不幸，只是一字之差，却是全然不同的境遇。不过，人们对于灾难却常怀感恩，灾难之后，他们心中没有怨言，只有无尽的感激。

那天是感恩节，她的情绪低落到了极点。为什么一切都这么糟糕，为什么生活会这样残忍无情？那场意外的车祸，夺走了她孕育了四个月的孩子！而就在这期间，她的丈夫也失去了工作。

她漫无目的地走进一家花店。看着每一朵娇艳欲滴的花朵，她都觉得那是对自己不幸的嘲讽。所以，当花店主人笑盈盈地询问她在感恩节这一天，是不是也想买点花送给亲朋好友表达一下自己的感激之情时，她的郁愤之情冲口而出："我没有什么可感恩的！也不想感谢上帝，我对上帝很生气！"

店员惊异地看看她，然后微笑起来，说："我知道什么对您最合适了。"随后，店员到里面的工作室拿出一束剪得齐齐整整的，缠着漂亮蝴蝶结的一大把又长又多的玫瑰花枝——那些玫瑰花枝被修得整整齐齐，只是上面连一朵花也没有。

她感到很惊奇，店员看出了她的狐疑，说："我把花都给剪掉了，这是我们的特别奉献，我把它叫作感恩节的荆棘花。三年前，我走进来时感觉与您一样，以为生活太不幸了，没什么是值得感恩的。当时，我的父亲死于癌症，儿子在吸毒，我自己也面临一个大手术，我的先生也在一年前去世了，家庭和事业都摇摇欲坠。我一生中第一次自己一个人过感恩节，没有孩子，没有家人，也没钱去旅游。”

“那怎么办呢？”她问。“我学会了为生活中的荆棘感恩。”店员沉静地说道，“过去，我一直在为生活中美好的事物而感恩，却从没问过为什么自己会得到那么多好的东西。但是，当灾难降临时，我问了。我花了很长时间才弄明白，原来黑暗的日子对我们的人生来说也是非常重要的。一直以来，我都在享受生活中的‘花朵’，但是荆棘使我明白了上帝的安慰是多么美好。你知道吗？《圣经》上说，当我们受苦时，上帝就会安慰我们。借着上帝的安慰，我们也学会了安慰别人。”

这一天，她在走出花店时，眼泪从脸颊上流过。她的怀中也是一大束美丽的绿色的“荆棘花”，上面有一张小小的卡片写道：“我的上帝啊，我曾无数次为我生命中的玫瑰而感谢你，但却从来没有为我生命中的荆棘而感谢过你。请你教导我关于荆棘的价值，通过我的眼泪，帮助我看到那更加明亮的彩虹……”

《圣经》说：“当我们受苦时，上帝就会安慰我们；借着上帝的安慰，我们也学会了安慰别人。”在灾难没有来临之前，生活是多么的美好，然而，我们从来没有想过：为什么自己总是能够得到这么多美好的东西？有时候，总认为那些都是自己应该得到的，但是，当灾难和不幸来临，我们才意识到，上帝的安慰是多么重要，踏着满地的荆棘，我们学会了面对！

格连·康宁罕曾被医生宣判：“你这一生再也无法行走

了。”面对灾难与不幸，康宁罕并没有放弃，而是向命运挑战：“我一定要站起来！”一次次尝试伴随着一次次钻心的疼痛，一次次摔倒，又一次次重新爬起来，最后，他终于站起来了。难道自己的命运仅仅被定格为“站起来”吗？不！我还要像以前那样奔跑，格连·康宁罕以强大的意志完成了自己的人生目标，他成为了美国体育运动史上著名的长跑选手。

有人说：“在任何灾难面前，只要我们自强不息，就一定可以赢得成功和幸福。”那些但凡取得成就、赢得成功的人，他们都将自己的成就归功于灾难和挫折。如果没有灾难和挫折的洗礼，或许他们只会爆发出25%的潜能，但是，一旦遇到了挫折与灾难，他们便会将其余的75%潜能激发出来。

在人生的道路上，即使我们遭遇了挫折，请不要抱怨，也不要妥协，感谢它们，感谢灾难让我们再次奋进。没有一帆风顺的人生，它们总是充满了灾难与挫折，犹如带着荆棘的玫瑰，只有坦然面对，我们才能嗅到玫瑰花的芬芳。

第9章
去忍受大部分时间的苦涩

通往成功的路上，我们必然会经历许多过程，有快乐就有痛苦，有收获就有失去，有满足就有抱怨。然而，快乐的时光总是短暂，大部分的时间都需要我们忍受痛苦。如果我们想要赢得成功，必然要去忍受大部分时间的苦涩。

熬夜，会让你身心疲惫

熬夜，成为时下不少人的生活常态。网络一项“熬夜健康调查”显示，超五成网友表示经常或一直在凌晨0点后入睡，有18.18%的人通常凌晨1点后才睡觉。很多人平时熬夜缺觉，到了周末或节假日就猛补，一睡就是一天，早午饭常常在睡梦中被省略掉。

要防止疲劳和忧虑，坚持常常休息，别总是养成熬夜的习惯。哈佛医学院的华特·坎农博士解释说：“绝大多数人会觉得人的心脏每天不停地跳动，其实，心脏在每次收缩之后，它就会完全安静一段时间。当心脏按照正常速度每分钟跳70下时，它一天的工作时间仅有9小时，即它一天休息的总时数为15个小时。”而一个人身体疲劳积累的速度是异常快速的。

熬夜对我们的身体有很大的危害，熬夜的人经常吃宵夜，不但难消化，第二天早上还会食欲不振，造成营养不均衡，肥胖是看得见跑不掉的下场。此外，熬夜剥夺了胃肠道休息的机会，容易导致消化性胃溃疡、十二指肠溃疡、功能性消化不良等疾病。

熬夜时人处于紧张状态，得不到放松，容易造成血管收缩异常，血压比正常人高，从而诱发高血压。长期黑白颠倒不仅会使人脾气变坏，会增加心脏病风险。睡眠不足易造成内耳供血不足，伤害听力，长期熬夜可能导致耳聋。

熬夜者的交感神经在夜晚保持兴奋，到了白天就会出现没精神、头昏脑涨、记忆力减退、注意力不集中、反应迟钝等状态。时间长了，还会出现神经衰弱、失眠等问题，严重的甚至会导致抑郁症。不规律的睡眠会影响内分泌代谢，造成皮肤水分流失，容易导致皮肤黯淡、皱纹、暗疮、黑眼圈等。熬夜相当于超负荷用眼，黑眼圈是免不了了，还可能导致视力功能性减退。

日常生活中，那些习惯晚睡熬夜的人，如同上瘾了一般。明明告诉“我今天一定要早睡”，但是身体却很诚实，即便是躺倒在床上，也可以刷手机到凌晨。说好的早睡，最后也只能一笑了之。

“一年之计在于春，一天之计在于晨。”大家都知道早睡早起身体好，养成早睡早起的好习惯，不仅会让身体保持一个良好的状态运转，还会使你受益终生。那么，如何养成早睡早起的习惯呢？

如果你是资深的夜猫子，那不妨以半个小时为限制，阶梯式提前睡觉时间。比如，平时习惯12点睡觉，那不妨让自己11点半睡觉，并坚持一周，然后再设定11点睡觉。循序渐进，调整至10点左右睡觉就是最好的睡眠休息时间了。

最理想的健身时间莫过于下班后的时间，一般而言，运动锻炼之后3个多小时，全身体温开始下降。那么，身体便会疲惫，应该早点睡觉。这样就可以轻松进入睡梦，从而养成早睡的习惯。

白天高效率完成当天的任务，别拖拉，一旦拖延，就喜欢把事情拖到晚上去做，那睡觉时间自然就会被拖拉占据一大部分了。高效率地完成今天的任务，提前把事情做好，为睡眠留出必要的时间。

很多人，早上一睁开眼睛的第一件事情，就是看一下手机，朋友圈有没有更新等。每天晚上睡觉之前，也要看手机，这样不仅伤眼，还会影响睡眠质量。而且睡觉时，将手机放在旁边，因为手机的辐射，人们在睡觉的时候对外界的防御能力是很低的。

明明已经被闹钟叫醒，又因为意志力不够“床体分离失败”。为避免这种情况的发生，一旦被闹钟叫醒，就要马上起来，切忌转头继续再睡。然后你就可以马上开始洗漱啊，收拾啊，做各种事情让自己精神起来。

坚持早起吃早饭，非常有利于身体。坚持吃早饭，这样身体就会养成习惯。当你早上不起床的时候，你就会被饿醒。这也是一个好方法，让身体的感受唤醒你新的一天。

一般晚上11点后入睡或者一夜不睡都是属于熬夜，人体自我修复排毒的活动一般都是在晚上11点到凌晨3点之间。很多人发现，过了这段时间，人突然就不想睡了，变得很精神，即使第二天你再补眠多长时间，都觉得不够或者补不回来。

别让手机占据你的生活

信息时代，智能手机已经进入生活的方方面面，除了可以打发每个人的碎片时间，其他诸如购物、社交，甚至工作都可能需要用到手机。那么，人们每天使用手机的时间越来越多，你每天花多少时间玩手机呢？

特恩斯市场研究公司（TNS）是一家全球性的市场研究与资讯集团，他们最近的一项研究显示，在全球16~30岁之间的用户每天使用手机的时间，平均为3.2小时，而中国手机用户的平均使用时间为3.9小时，在TNS的调查结果中，中国用户每天使用手机的时长仅次于泰国的4.2小时，位列全球第二。换而言之，大部分中国人24小时，除去睡觉的8小时和吃饭的2小时，剩下的14个小时里，除了工作没有空玩手机，剩下的时间有接近4个小时在使用手机，几乎占到了所有剩余时间的一半。

那么，人们每天用手机都在干什么呢？根据调查结果显示，使用社交网络和观看视频分别以46%和42%的比例占据使用频率的前两位，而在线购物以12%的比例位列第三。刷刷朋友圈、看看微博、逛逛淘宝、京东等，这些基本上是手机使用频率最高的行为。

你是否有计算过自己每天花了多少时间来刷朋友圈。当现代社会的电子产品更新越来越快，社交网络越来越发达，越来越多的人成为低头族，吃饭时刷朋友圈，走路也刷手机，上厕所时手机似乎比手纸更重要。那么，你花在手机上的时间有多少呢，一小时？两三个小时？三五个小时？还是五个小时以上？有人甚至说，手机是现代人离不开的唯一东西。每天起床都会随手打开手机，点开微信朋友圈去看动态，一条一条往下翻，看到朋友的动态会随手点个赞，看到有意思的内容再评论一下。刷着手机，可能半个小时很快就过去。因为总是玩手机，给人们一个错觉：玩手机很快就过去了，当上班时总感觉时间好难熬。

大部分人玩手机上瘾、刷朋友圈上瘾，每天有空时就去刷下朋友圈，甚至有种感觉，工作一会儿就喜欢去点开看一下。其实很多时候别人都没有更新动态，刷了几次还是那几条。但是手就像着魔一样，总是想去看看。

手机的高频率使用，导致一大批手游滋生。平日里喜欢在电脑上玩游戏的人，开始将注意力集中在手机，毕竟比起电脑而言，手机更便于携带、更好操作。于是，人们花了更多的时间利用手机玩游戏。

其实，把花在手机上的时间拿出来关注自己，你会得到更多，努力工作你会得到报酬，生活中多点时间关心身边的亲人，让生活更温暖，而不是拿着冷冰冰的手机光在朋友圈关注那些也许你压根就不熟的人，而放任亲人在身边不闻不问，让亲情渐渐冷却。

曾有脑科学方面的专家对此进行研究后表示，每天长时间刷朋友圈会严重分散人的注意力。研究显示，脑的前额叶处理问题的习惯倾向于每次只处理一个任务。多任务切换，只会消耗更多脑力，增加认知负荷。因此，有科学家相信，这种“浅尝辄止”的方式，会使大脑在参与信息处理的过程中变得更加“肤浅”。美国学者甚至以“最愚蠢的一代”来讽刺信息时代的低头族们。

在闲暇的时候，多进行瑜伽、打篮球、跑步，深呼吸等活动，让生活充实，同时也可以放松身心。不要让自己的生活太无聊了，当一个人无聊的时候，就会不断地用手机来填补空虚的兴奋感，好像手机是自己获取外界信息的唯一通道一样。

下意识强制自己每几个小时才去查看一次手机。如果必须随身携带手机的话，就把手机放在包里，并强制自己不要频繁打开包查看手机。手机的长时间使用会形成一个习惯，对于习惯，是需要强制性才能达到效果。

不要一遇到问题，就想到手机，也许会其他更好的方法，从而减少对手机的依赖。比如，在上班路上可以选择看书来代替玩手机。拍照的时候，可以用数码相机代表手机。

记下每天使用手机的时间和目的，这样可以让自己真正了解自己整天拿着手机是在做什么。也可以写一些你认为有意义的事情，让自己多发现身边的人和物，不仅可以戒掉手机瘾，还可以扩宽自己的视野，还会锻炼自己的语言组织能力和表达能力。

智能手机的出现确实让人们生活变得更加便利和丰富多彩，让人与人之间的沟通也变得更便捷，但也让人与人之间面对面的交流变得越来越少，人们可能更愿意用发微信的方式来和朋友之间交流。凡事过犹不及，可别让手机占据了你全部的时间。

每日总结，不断深入了解自己

其实，在工作生活中，我们除了别人提出问题之外，还要善于向自己提问。向自己提问，其实是对自己的一个很好的总结。在生活中，我们既不能时刻来反省自己，看清自己，也不能把自己放在局外人的位置来观察自己。因此，在大多数的时候，我们只能借助外界的一些信息来认识自己。所以，我们在认识自己时很容易受到外界信息的暗示，迷失在环境里，并习惯性地把他人的言行作为自己行动的参照。向自己提问，就是进行每日总结，以此来了解自己。

年轻的曾国藩相信，所谓“本性不能移”完全是虚妄之语，他认为人的品行是可以改变的。而且，为了追寻心中那份远大的志向，他努力要改变自己，从而让自己的志向不再虚妄。曾国藩以自己的实际行动表示，一切需要脚踏实地，他曾记载了这样一件小事：在一个月中有三天未能早起，于是，使谴责自己，谴责自己是禽兽，是懒鬼。同时，他还把自己睡懒觉、不愿意起床的那一刻的想法记载下来。他说："我以为别人不知道，我睡懒觉就睡懒觉，可清醒之后便想：难道仆人不是人吗？难道仆人就见不到我睡懒觉吗？既然天知、地知、别人也知，那我为何还这么虚伪呢？"对自己立下的志向，他就是这样鞭策自己的。

这其实就是很好的自我总结，据说曾国藩有晚上写日记的习惯，其目的就是睡前问自己，总结自己一天在言行上的不妥之处，好的继续发扬，不好的则记下来需要改之。这就是一个很好的习惯，每天睡前反省自己，可以更好地了解自己。

当达尔文刚刚完成其不朽的著作《物种起源》的时候，他已经预料到这个革命性的学说公开发表必然会给整个宗教界乃至学术界带来震撼，所以，他花了15年来寻找自己的不足之处，不断进行自我批判，不断地向自己的理论挑战，批判自己的结论。所以，与其等着别人来批评我们或者批判我们的工作，倒不如自己严格要求自己，做自己最严格的批评者。

当我们在执行工作计划的时候，最好是每日睡前总结，完成睡前"七问"。入睡前的总结工作，其实也是很有效率的复习手段之一，那么，在睡觉前我们应该问自己哪几个问题呢？

躺在床上，开始回忆白天的工作，回想自己在工作中收获了什么，做了哪个方案，客户的反映如何，以后还有哪些需要改进的地方，等等。将这些工作梳理一遍，加深在大脑中的印象。

有激情地工作，才是有兴趣地工作。当同事都在工作的时候，我是在跟别人聊天，还是在玩游戏？领导开会的时候，我又在认真思考吗？还是思想开小差了？等等，假如自己真的在认真工作，那明天将继续保持这种状态；假如自己上班不认真，那就要自己反省，下次争取改正这个坏习惯。

得与失，将是今日的收获。得，就是从工作中学到了哪些知识，自己在思维上有什么明显的变化，让自己懂得了什么道理；失，就是因为工作不认真所造成的失误，等等，可以花时间和精力补回来。

临睡前，再想想，明天自己还有哪些任务呢？除了按时上班之外，需要写个方案？做个PPT？阅读一篇课外文章？听一个小时的英语？

我们要学会享受工作，才能体会到工作的乐趣。今天的工作快乐吗？快乐是因为什么造成的呢？是因为职业的魅力。不快乐是什么造成的？仅仅是因为工作枯燥吗？还是自己某方面的原因。

事实上，富兰克林也保持着每晚一次的自省。他总结出自己13处致命的错误，其中有三项是浪费时间、琐事太多、与人争执。年长睿智的富兰克林很清楚地意识到，假如不改正这些缺点，他就难以成大事。

时刻警惕，别让自己掉入空虚的陷阱

塞涅卡说："人类最大敌人就是胸中之敌。"在现代人的字典里，"空虚"这个字眼所蕴含的重量似乎越来越重，许多上班族都有这样的经历："我有工作，但是，一天什么事情都不想干，总是提不起精神，面对着电脑，也不知道自己要做些什么，真不知道以后的日子该如何走下去，心里空虚得要命。"空虚，是一种消极的状态，不能明确自己的目标，不知道今后的路该怎么走，更重要的是，在这样的心理状态下，压力很容易"钻"了空子。他们常常因压力而胡思乱想，把怒火撒到其他人身上，而且，还自认为生气是很有道理的。所以，如果你是一个空虚的人，需要时刻警惕，不要让自己掉入压力的陷阱。

在生活中，人们往往存在着不同的心态，有的人乐观，有的人却悲观，乐观的人情绪平和安静，而悲观的人很容易受到情绪的波动。其实，空虚本身就是一种悲观的心态，空虚的人很容易陷入自我休眠中，因为找不到前方的路而迷失了自我。心中没有前进的方向，没有心灵的归宿，因而，他们总是花很多的时间和精力来想一件事情，哪怕只是一件微不足道的事情，他们想着想着，也能想出压力来。心的无力感让他们感觉到诸多不安的情绪，在很多时候，他们自己也很想从空虚感中摆脱出来，可是，越是空虚，越是容易感到压力，越是感到压力，越感到前途渺茫。在这样的情绪循环中，情绪越来越汹涌，并渐渐主宰了他们。

小杨和男朋友相恋一年多了，可是，这段感情一直遭到父母的反对，在这个气氛尴尬的夜晚，父亲在电话里的那头生气地说道："你要是再这样下去，就永远不要回这个家了。"电话放下后，小杨心都凉了大半截，未来该怎么办呢？和男朋友分手，接受那个家人介绍的对象？坚持自己的选择，和男朋友远离家人？路有千条万条，可小杨就是不知道自己该选择哪一条。

白天，男朋友上班了，小杨一个人呆在家里，总想找点事情做，可是，内心的那种无力感和空虚感袭来了，她觉得浑身都没劲，就想一直沉睡，至少睡着了谁也打扰不了。偶尔，思绪万千的时候，她也会想起与男朋友诸多的不合适以及父母的担忧，越想心中越是焦虑，有时候，想着想着，她就暗暗下决心："今天晚上和男朋友说分手的事情，一定不能心软。"于是，等到男朋友回家的时候，小杨心中的怒气就上来了，尤其是看到某些自己不能认同的行为，小杨更是怒火中烧，大声斥责："我们结束吧，我不想继续了。"而且，这样的情景不是一次两次，而是多次，每次小杨独自一个人在家里，由于内心的空虚与混乱，总会胡思乱想，男朋友也感到很疲惫了，偶尔，他也会劝小杨："没事就出去透透气，不然，在家里迟早会闷出病来。"小杨内心里相当清楚，自己真的是由空虚而感到压力的，可是，有时候总是克制不住自己，也不知道自己到底该怎么办。

小杨内心的空虚，总是让“压力”钻了空子，结果，好端端地多了那么多的坏情绪。在人生的旅途中，失败得失，恩恩怨怨，乃至空虚寂寞，始终伴随着我们。如果我们总是把这些伤心的话、烦恼的事情、无聊的事情记在心中，永远留在心里，无异于背上了沉重的包袱，套上了无形的枷锁，同时，也让郁积在心中的不良情绪有了可乘之机。

有时候，为了摆脱空虚，他们会沉浸到另外一种空虚的生活中，漫无目的地游荡、闲逛，消磨大好时光，因此，空虚所带给我们的，是百害而无一利。

那么，面对空虚，我们该怎么调整自己呢？

俗话说：“治病先治本。”空虚产生主要源于对理想、信仰以及追求的迷失。知晓了空虚产生的根源，那么就要对症下药。树立远大的理想、拟定明确的人生目标，这就可以成为消除空虚的最有力的武器。当然，这并不是说你树立了目标，空虚就被驱赶走了，而是当我们坚定地朝着自己目标前进的时候，空虚才会慢慢地远离我们而去。

有时候，即使是两个人生活在同一个环境中，但由于心理素质不同，其结果也会不同。有的人遭遇了一点点挫折就偃旗息鼓，他们很容易就陷入了空虚中；有的人面对困难却丝毫不畏缩。所以，提高自我的心理素质，也能够将空虚及时地消灭，不给它进一步侵蚀心灵的机会。

生活本身是美好的，主要是看我们以怎样的态度去面对它。对生活缺乏热情的人，他们心中只有空虚，以及百无聊赖的寂寞，而那些对生活充满了热情的人，哪怕是蓝天白云，高山大海，他们依然积极地去感受大自然的美丽。当那份热情填补了生活的空白，你哪还有精力和时间去空虚呢？

从心理学角度说，空虚是一种消极情绪。那些空虚的人，无一例外都是对理想和前途失去信心，对生命的意义没有正确认识的人。他们对现实消极失望，以冷漠的态度来对待生活，遇人遇事就摇头。然而，当你的生活被不断充实起来，那压力就无处遁形了。

想排遣寂寞，不如多看看书

无聊的周末，闲来无事的时候，相信许多人都会选择看电视来打发时间，排遣寂寞。当然，看电视是依循个人兴趣爱好，有人喜欢音乐，有人喜欢电影，有人喜欢肥皂剧。现代社会，许多媒体打出了“娱乐至死”的口号，无一例外地吸引了观众们的目光。在媒体的大力宣传下，超级女生、快乐男生、琼瑶剧、韩剧层出不穷，而越来越多的人爱上了肥皂剧。

何谓肥皂剧，顾名思义，就是一些毫无营养的电视节目，只是浪费时间，你从中学不到任何有价值的东西，大不了就是陪着剧中的主人公大哭一场，或者一个人长吁短叹。虽然，看电视节目是一种休闲活动，但是，如果总是一味地沉浸在肥皂剧里，只会使自己的心灵受束缚。

读书为我们生活开启了探究过去、现在、未来奥秘的大门；读书引发高雅的谈话，可以培养高尚情感以及思维的深度；读书可以促使我们关注生活，重视生命意义。假如你不爱读书，那需要激发读书的兴趣。可以说，兴趣是最好的老师，我们每天愿意花两个小时看电视，却不愿意花30分钟看书，这就是我们现在的读书状态。

对许多人而言，喜欢读书，学习阅读是一种缓慢、困难的过程，不过，只要我们每天坚持读书30分钟，时间长了，就会成为习惯，习惯久了，就会成为一种自然，那读书也就会成为我们生活中的一部分。

有人说："杰奎琳的第一个魅力是深不可测的智慧美。"熟悉杰奎琳的人，都会了解她与书不得不说的故事。可以说，杰奎琳是一个非常喜欢阅读的人，她对书的痴迷程度，令普通人难以想象。不信，你可以看看丈夫肯尼迪的评价："简直没办法理解她为什么如此喜欢看书。"

杰奎琳简直可以说是博览群书，她喜欢看任何类型的书，而且总是保持认真的状态，特别偏爱诗集、历史书籍或关于艺术的书籍。随着岁月的增长，以及地位的升高，杰奎琳更加认真阅读，似乎只有通过这样的方式来提升自己，以匹配她所处的位置。因为热爱阅读而卓有智慧，即便她离开白宫之后依然会成为人们谈论的对象，甚至她变得更加优秀，成为一代最具影响力的女人。

如果你去过杰奎琳的家，就可以感受到她对书籍的热爱。在公寓和别墅里几乎装满了各种书籍，甚至连桌子、桌子下、沙发和椅子都堆满了书，这个家简直可以媲美图书馆。杰奎琳认为，书和学习可以铸就一个传奇的女人。所以，她经常会告诉朋友希拉里“做一个读很多很多书的女人。”

杰奎琳非凡的智慧当然应该归功于自己的终生学习，即使在自己地位和名声升高的时候，她也不放弃读书。而且，变得更加刻苦地学习，并通过学习来提升自己的文化修养，只能说，她不愧于第一总统夫人。

书是人类文明主要承载者，是积累了人类无穷智慧和想象力的传承媒体，给予了人们众多情感的交集。一个不读书的人，目光是短浅的，精神世界是空虚的，甚至心灵也会扭曲变形，以至于善恶不分，就好像一个不完整的人浑浑噩噩过日子，自己却觉得潇潇洒洒，实际上是虚度了年华，荒废了自我。

假如时间紧张，确实没有多余的时间用来读书和看书，不过也要发扬坚持到底的精神。确定每天坚持读书或看书的时间，即便是10分钟也要坚持，规定每天必须读书或看书多少页，即便是每天坚持读书或看书10页。读书可以拓宽视野，丰富知识，增长才干，还可以净化心灵，陶冶情操，充实自己的精神世界。

让读书成为一种习惯，有的大学生可能会说：“我从早到晚不都是在读书吗？”如果我说：“你现在所读的书，如果不考试，你还会读吗？”你会怎么回答我呢？如果答案是否定的，那么说明你还没有养成读书的习惯。有的老师可能会说：“我已经读了太多的书，我的知识储备已经足够把我的工作做好了。”如果我说：“面对日新月异的时代，面对不断变化的一届又一届新的学生，你有没有过捉襟见肘的困窘？”如果答案是肯定的，那么说明你还没有从读书的习惯中得到生存甚至生活的乐趣。

我们要想丰富自己的知识底蕴，那就要培养每天读书和看书的良好习惯。根据自己的年龄特点和学业任务的轻重，确定每天读书和看书的具体时间。通常情况下，早上起床洗漱后比较适合诵读，诵读时间在30分钟以内，上午、下午或晚间坚持看书，时间也是以30分钟为宜，晚间也不可以超过60分钟。

我们一定要监督自己坚持下去，直到自己觉得每天不读书、不看书会感到不习惯为止，这就培养了自己认真读书和看书的习惯了。阅读，不仅能扩展我们现在的空间，还能给我们指明未来的方向。

一切的付出应该适可而止

在生活中，总有一些人默默工作，无私奉献，但这样的人往往不吃香，付出最多，但得到的怨言也最多。他为朋友两肋插刀，有求必应，偶尔有一次无法满足朋友的要求，便会落下不好的名声；恋人之中，视对方为生命，无限付出，可对方觉得天经地义，接受得心安理得。因为总是习惯付出，一旦付出成了别人的习惯，你的付出便成了天然的义务，你不再付出便会惹来骂名。

其实，在公司里，努力工作本来是立身之本，不过在自己付出的同时，合理的报酬、奖励、升级、晋职也是应该得到的，付出需要回报，不要当埋头工作的傻瓜，应该属于自己的功劳也要争。

小瑶是一位善良的女孩子，她热爱帮助朋友，每当朋友提出什么要求，她总是尽自己最大的努力去帮助对方，从来不拒绝，也不会有什么怨言。所以，朋友有事情，定会马上向她求助，她渐渐成为朋友的拐杖。

有一次，小瑶还在公司上班，朋友打电话来，说自己忘记及时还信用卡了，现在还有一个小时了，但手中没这么多钱，希望小瑶能够帮助自己。小瑶二话不说，挂了电话就请假出去，急匆匆赶到银行帮朋友还信用卡。尽管，后来朋友再三表示了感谢，但小瑶还是被老板说了几句。小瑶天真地想：为了朋友，付出点没什么。

渐渐地，朋友养成了习惯：失恋了，在电话里哭着向小瑶求救，于是，小瑶马上出去，随叫随到，不管是烈日炎炎，还是凌晨三点；工作不顺心了，一个电话打过来，倾诉就是半个小时，小瑶总是耐心地听着，哪怕自己还在赶文案；需要借钱了，朋友总是第一个打电话向小瑶求救，希望她能帮助自己渡过难关，这时小瑶会将自己身上所有的积蓄都借给朋友。

但是，小瑶在有时候也会不开心：自己跟男朋友吵架的时候，打电话给朋友想诉诉苦，但朋友说“我在外面逛街呢，一会再说吧”；自己工作不顺心的时候，希望能跟朋友聚聚的时候，朋友总是说“不好意思，我没时间”；自己经济紧张的时候，还没来得及向朋友开口，朋友就说“我最近手头比较紧”……

到头来，这段友情不过是小瑶自编自演的“深情”，因为习惯了付出，所以她总是无法拒绝朋友的请求，一次次心软，她再也没办法拒绝。

为朋友两肋插刀是应该的，不过要看我们面对是什么样的朋友。有些所谓的朋友喜欢占便宜，往往会利用我们的善良、心软，一次次把他的要求强加给我们。尽管我们在很多时候很无奈，但碍于面子还是会一次次满足对方的要求。

事实上，一味的索求就是变相勒索，由于自己付出成为习惯，朋友同事愿意找我们帮忙，找我们的人多了，就会成为自己的负担，常常令我们不堪其扰。这时我们应该反思自己是不是人太好了，是不是付出已成为一种习惯。一切的付出应该适可而止，对朋友也是如此。

初入职场，露露谨记母亲的教诲。领导布置的任务，她即使是加班加点，也总会按时完成。和领导打交道的时候，她总是小心翼翼，生怕说错一句话，做错一个动作，让领导不开心。与领导同行时，都让领导走前面，双手给领导递东西……有两次在会议室开会，露露看到领导端着茶杯，就主动提出去加点水。在场的两个女同事还一边笑，一边开玩笑说露露“很懂事”。

同事们需要什么帮助，露露即使很为难，但也从不说“不”。在公司里，和露露分担工作的是苏姐，比露露先来公司两年多，露露礼貌地称她“苏姐”。露露入职一个月左右时，领导吩咐“苏姐”加班，但“苏姐”私下求助露露，说家里有事，希望她帮忙顶一下。“我当时想都没想就答应了。”露露为此推掉了和姐妹的饭局，当晚在公司加班到9点多才回家。之后，“苏姐”只要遇到不想干的事情，都会直接甩给露露。露露很生气，虽然心里不愿意，但面对同事的要求，她还是挤出了笑容。

露露觉得自己一到办公室，就变成了一个没有主见的人。然而，即使心里很窝火，她一直都说服自己，吃点亏至少换来了同事的好印象。可是上个月，露露无意中得知，这个“苏姐”和另外两个女同事在背后议论她，说她假惺惺，喜欢拍马屁。

如今，露露已经一个星期没去上班了，她觉得很委屈，自己对人客气居然被大家误解，她不知道该怎么与同事相处，干脆把自己一个人锁在屋里。

当付出成为习惯，对自己对他人，都没有好处。在家庭中习惯付出，最终使亲情受损；在公司只付出不索取，最后影响自己的薪资、前程；友情中不讲原则付出，最终影响两人之间的情谊；爱情中一味地付出，最后未必换来对方的真心，甚至落个难堪的下场。

过分付出是一种病，之所以这样，是源于对自己能力不够自信的表现。当露露对自己的能力产生怀疑的时候，她就会通过领导和同事的赞誉来获得成就感和安全感。同时，因为内心自卑，她不敢在公司说出自己的看法，永远都跟随着众人的意见。

许多刚刚入职的新人，他们在刚刚开始工作时都会丧失自信，觉得公司不需要自己，领导同事也不认可自己。这时新人可以尝试着与同事交流，让对方评价自己的工作情况，然后从中找到不足和自信。

我们要在真诚地做自己和尊重他人之间找到平衡点，不要过于迎合他人。毕竟，每个人的成长背景、生活习惯都不同，有不同的想法和观点也是很正常的。人与人之间，也不会因为一个观点的不同就闹不和。

难道拒绝对方就是犯错吗？不管是在工作还是生活中，不要过于要求自己做一个完美的人，有时候说错话、做错事是很正常的，拒绝对方也是自己应有的权利，只要在这个过程中不断成长就好。

第10章

不愿吃苦，你要青春干嘛

青春有时间和精力，有斗志和热血，更有汗水和泥泞。当我们处于青春的年纪，所贪图的不应是安逸的生活，每天无所事事，一事无成。青春更应该吃苦，如果你连吃苦都不愿意，又要青春干嘛。

保持勤勉的态度，别说时间不够

日本女作家吉本芭娜娜出版了40本小说和近30本随笔集，《鲤》杂志曾采访过她："许多女人生了小孩之后就没有闲暇时间了，您现在有了孩子，是如何抽出时间来写作呢？"吉本芭娜娜说："确实没什么时间，但是我一直在拼命。为了争取多一点的写作时间，每天我都在与时间赛跑，最夸张的时候，你能想象吗？我几乎是站着吃饭。"估计许多人看到这里会感到羞愧吧，比起吉本芭娜娜，许多人总是感慨自己时间不够、事情做不完，却从来不去利用那些零碎的时间。

从来不说时间不够，保持勤勉的态度，是洛克菲勒成功的秘诀。洛克菲勒之所以能够获得成功，就在于他始终如一地保持勤勉的态度，从来不以忙和没时间作为借口。他的勤勉已经成为了顽强的奋斗，在他的眼里，一天24小时都已经不够用了，他希望能在一天内工作更长的时间。犹太人认为，只有勤勉的人才能够尝到胜利的果实，只有勤勉的人才能够得到命运的眷顾。所以，洛克菲勒用自己的实际行动证明了这样一个道理，如果你是一个做事勤勉的人，那么成功就已经离你不远了。

成功与失败看起来似乎有天壤之别，但促成它们形成的原因，或许就是一些小小的细节，小小的习惯，比如，常常为自己没有完成的事情而寻找借口，而大部分的借口则是“我很忙”“我没时间”。失败是没有任何借口的，失败了就是失败了，我们在接受失败这个事实的同时，需要反省自己，而不是为失败寻找借口。当然，成功并不是那么随随便便轻易就达到的，我们必须付出艰辛的努力，在成功的道路上，我们要不断为之寻找理由，那些坚持、付出的汗水与艰辛都可以铸就最后的成功。

人们关于自己的未来总会有很多规划，但当他们未能完成时总向别人推诿：“我最近没忙，根本没有时间。”迟迟不见有行为，但是如果你想有所获得，有所成就，做哪一件事不会耗费时间呢？我们所经常看到的优秀年轻人，举手投足优雅，且写得一手好字，当你在羡慕对方的时候，是否想起对方为了培养仪态、练字又一个人度过了多少沉默时光呢。忙和没时间是最烂的借口，因为每个人的时间都是公平的，之所以会抱怨没时间，不过是因为你在其他事情上浪费了时间。

财经作家吴晓波说：“每一件与众不同的绝世好东西，其实都是以无比寂寞的勤奋为前提的，要么是血，要么是汗，要么是大把大把的曼妙青春好时光。”如果倾力付出自己的努力，那早晚会从量变到质变，你现在每走的一个脚印，都会成为将来实现人生飞跃的跳板。人们总会订下许多计划，看书、运动、旅行等，不过常常因没有时间而不得不放弃。难道你的生活真的有那么忙吗？真相到底如何心知肚明，别总以忙和没时间当借口，那不过是在为自己的懒惰找理由而已。你若坚持努力，一定会发光，因为时间是所向披靡的武器，聚沙成塔，将人生一切的不可能都变成可能。

年轻人，如果你不是富二代，挣钱又不多，那你拿什么来享受生活呢？趁着年轻，努力一把，而不是安于现状，这样你才有能力为高品质生活买单。生活充斥着酸甜苦辣的味道，只有经历了苦辣之后，才能体会到生活的甘甜之味。年轻是美好的阶段，你的选择不同，人生经历也有不同，有人选择安逸的生活，有人选择疯狂，而我选择在这美好的岁月里洒下汗水，种下希望，努力奋斗。当然，努力并非说说而已，年轻人需要给自己制订目标，有一个良好的心态，努力学习，不断充电，对自己想做的事情有一种强烈的欲望。如果你无限渴望去做某件事情，那全世界都会给你正能量去实现。

有人曾问安东尼：“读书、学习时，难道你不感觉到累吗？”他回答说：“那不可能，因为每个人都必须自己去发现动力，并自己为动力确定具体的涵义。”不感觉到累，是因为相信自己一定能行。即便自己被朋友嘲笑，他也从来没动摇过努力的决心。正因为对自己有绝对的信心，安东尼才得以成功。

志存远大，这是一直被我们推崇的。但是在现实中，仅仅努力还远远不够。就如阿诺德·施瓦辛格一样，如何开动脑筋，尽快突破小目标，实现大目标，才是年轻人最应该重点费心思考的问题。总结阿诺德·施瓦辛格的成功经历，我们可以总结出这样一句话：从大处着眼，从小处着手，化整为零地循序前进。作为年轻人，谁都妄想自己能一步登天，一夕成名，一下子便成为一个亿万富翁。有目标、有憧憬是好事，但善于规划才是硬道理。

人生不息，奋斗不止，只要你还年轻，就大胆勇敢地向前冲，只要坚定信念，成功就会在眼前。年轻人，只要梦想还在，那就在美好的岁月里保持前进的脚步吧！

年轻，没有理由不努力，与其在暮年擦拭悔恨的泪水，不如趁年轻努力一把。年轻人要敢想敢做，勇于付出，相信没有什么是做不到的，也没有什么事能够难倒年轻的自己。

你的价值，应该由你自己证明

在生活中，许多人不敢追求成功，原因并不是追求不到成功，而是他们在还没有开始追逐之前就在心里默认了一个“高度”，这个高度常常暗示自己：成功是不可能的，这个是没办法做到的。

“心理高度”成为了人们无法取得成功的根本原因之一，自我设限是一件很悲哀的事情，跳蚤并非失去了跳跃的能力，而是他们在受挫之后变得麻木了、习惯了。所以，我们要将成功的信念注入血液之中，不断地告诉自己“我能行”“我努力就一定能成功”“我是最优秀的”，以此来不断增强自信心，勇于向成功奋进。如果你不逼自己一把，那你根本无法想象你是多么的出色。

1900年，著名教授普朗克和儿子在花园里散步，他看起来神情沮丧，遗憾地对儿子说："孩子，十分遗憾，今天有个发现，它和牛顿的发现同样重要。"原来，他提出了量子力学假设以及普朗克公式，但是，由于他一直很崇拜并虔诚地奉为权威的牛顿理论，而自己的发现将打破这一完美理论，他有些怀疑自己的判断，最终他宣布取消自己的假设。不久之后，25岁的爱因斯坦大胆假设，他赞赏普朗克假设并向纵深处引申，提出了光量子理论，奠定了量子力学的基础。随后，爱因斯坦又突破了牛顿绝对时空理论，创立了震惊世界的相对论，并一举成名。

对自己的怀疑，常常会让我们失去了成功的机会，或是让我们放慢了前进的脚步。普朗克对自己的怀疑，使整个物理理论停滞了几十年。所以，任何时候，都切莫怀疑自己，而是努力、勇敢地证明自己，这样我们才有可能站在成功的顶峰之上。

1796年的一天，在德国哥廷根大学，19岁的高斯吃完了晚饭，就开始做导师单独布置给自己的每天例行三道数学题。高斯很快就把前面两道题做完了，这时，他看到了第三道题：要求只用圆规和一把没有刻度的直尺，画出一个正17边形。高斯感到非常吃力，时间很快就过去了，但是，这道题还是没有一点进展，高斯绞尽脑汁，但是，他很快发现自己学过的所有数学知识似乎都不能解答这道题。不过，这反而激起了高斯的斗志，他下决心：我一定要把它做出来！他拿起了圆规和直尺，一边思考一边在纸上画着，尝试着用一些常规的思路去找出答案。

天快亮了，高斯长舒了一口气，自己终于解答了这道难题。见到导师，高斯有点内疚：“您给我布置的第三道题，我竟然做了整整一个通宵，我辜负了您对我的栽培……”导师接过了作业，当即惊呆了，他用颤抖的声音对高斯说：“这是你自己做出来的吗？”高斯有点疑惑：“是我做的，但是，我花了整整一个通宵。”导师激动地说：“你知不知道，你解开了一道两千多年历史的数学题，阿基米德没有解决，牛顿没有解决，你竟然一个晚上就做出来了，你才是真正的天才！”原来，导师误把这道难题交给了高斯，每次高斯回忆起这一幕时，总是说：“如果有人告诉我，这是一道两千多年历史的数学难题，我可能永远也没有信心将它解出来。”

我们应该永远记住一句话：你比自己想象中更优秀。因为我们每个人所拥有的潜能都是无穷的，我们所展现出来的只是九牛一毛，还有更多的等待我们去挖掘。相信自己，多给自己一份肯定，自己永远比想象中优秀一点，这样，你才会成功地挖掘出自己的潜在价值，从而使自己变得更优秀。

只要我们勇于去寻找真实的自我，激发出自己无穷的能量，就能够彰显自身的价值，这会让我们人生的每一刻都过得精彩。

许多人不明白自己的价值所在，他们也不知道自己到底具有多大的潜能，所以，谁也不知道自己到底会有多么伟大。事实上，一个人的价值有时候是显现的，但在很多时候都是隐性的，而在每个人的身体里，都蕴藏着巨大的能量，这就是我们的价值所在。

如果足够努力，好运自然会来

许多人对身边那些做出成就的人总是抱以羡慕嫉妒的眼光，从而感叹自己命运多舛，运气很差。不过，请重新审视一下自己，真的是因为运气很差吗？运气往往与好运相连，如果足够努力，那好运自然会到来。在这个世界，没有无缘无故的好运，所有的好运都是努力而来的。做人做事有多大的力气，就会有多成功。永远记住一句话：越努力，越幸运。

请放下你的浮躁，放下你的懒惰，放下三分钟热度，放空容易受诱惑的大脑，放开容易被新奇事物吸引的眼睛，闭上喜欢聊八卦的嘴巴，静下心来好好努力。当你认真地努力之后，你会发现自己比想象中更优秀，好运也会在期待中降临。

正如一位哲人所言：成功者大都起始于不好的环境并经历许多令人心碎的挣扎和奋斗。他们生命的转折点通常都是在危急时刻才降临。经历了这些沧桑之后，他们才具有了更健全的人格和更强大的力量。

在不少人眼里，莎莉是一个努力的女孩，她几乎一年360天都在工作。在几年前，她看起来还有点婴儿肥，现在却摇身一变成为了纤瘦励志女神。当然，莎莉的变化不仅仅在外表上，而且陆续推出了有影响力的作品，其能力也得到大家的认可，可以说成为圈内的劳模代表。

但是，面对这些变化，莎莉却说：“我希望努力度过每天，做最棒的自己，努力是我一个很好的开始。”其实，莎莉从小没有想过自己会成为活跃在大荧幕上的明星。小时候莎莉的父母对她要求很严格，让她学画画、硬笔书法、琵琶等，涉猎广泛，在这个过程中莎莉慢慢明白努力有多么重要。父母经常对莎莉说：“你可以不是第一名，但你一定是最努力的那一个。”所以，一直以来莎莉都坚信“越努力越幸运”，她希望通过自己的努力来赢得一次又一次的好运。她说：“加倍努力，终于让我化茧成蝶。”

在通往成功的路途上，任何的抱怨都无济于事，任何的借口都是白搭，唯有努力才是真刀实枪的本事。努力的人，不用去寻找好运，因为他就是好运。越努力越好运，这确实是一个成功的奥秘。努力本身带给我们有益的东西远远大于成功，在努力的过程中，不断磨炼，不断尝试，到成功那一天，所有的努力都会聚沙成塔，成就自我。

你知道吗？风往哪个方向吹，草就往哪个方向倒。人要做风，即便最后遍体鳞伤，但也会长出翅膀，勇敢地飞翔。努力吧！在路上的人。

一个人如果缺少棱角、缺少勇气，无法选择走自己的路，那他只能成为被风吹倒的草。所以，大胆走自己的路，努力吧，总有一天，你会成为翱翔的雄鹰，繁华褪尽，剩下的只有荣光。

相信梦想，梦想自然会回馈于你

许多人觉得自己很平凡，能力很普通，先天条件的欠缺导致他们对自己丧失了信心，在他们看来，不管自己如何努力，最终都只会成为一个平庸的人。既然抱着这样的想法，他们就已经不想去努力，浑浑噩噩地生活着，甚至有的人选择了自甘堕落的生活。

然而，人们浑然忘记了成功的路从来不是一帆风顺，许多人也曾迷茫过，也曾不知道未来究竟在哪里。但是，他们却以自己成功的经历告诉我们：相信梦想，梦想自然会回馈于你，努力比任何东西都来得真实，用坚韧换机遇，用时间换天分，哪怕走得很慢，但终会抵达。

有一个孩子想不明白自己的同桌为什么每次都能考第一，而自己每次却只能排在他的后面。

回家后他问道："妈妈，我是不是比别人笨？我觉得我和他一样听老师的话，一样认真地做作业，可是，为什么我总比他落后？"妈妈听了儿子的话，感觉到儿子开始有自尊心了，而这种自尊心正在被学校的排名伤害着。她望着儿子，没有回答，因为她不知道该怎么样回答。又一次考试后，孩子考了第20名，而他的同桌还是第一名。回家后，儿子又问了同样的问题。她真想说，人的智力确实有高低之分，考第一的人，脑子就是比一般人的灵。然而这样的回答，难道是孩子真想知道的答案吗？她庆幸自己没说出口。

应该怎样回答儿子的问题呢？有几次，她真想重复那几句被上万个父母重复了上万次的话——你太贪玩了；你在学习上还不够勤奋；和别人比起来还不够努力……以此来搪塞儿子。然而，像她儿子这样脑袋不够聪明、在班上成绩不甚突出的孩子，平时活得还不够辛苦吗？所以她没有那么做，她想为儿子的问题找到一个完美的答案。

儿子小学毕业了，虽然他比过去更加刻苦，但依然没赶上他的同桌，不过与过去相比，他的成绩一直在提高。为了对儿子的进步表示赞赏，她带他去看了一次大海。就是这次旅行中这位母亲回答了儿子的问题。

母亲和儿子坐在沙滩上，她指着海面对儿子说：“你看那些在海边争食的鸟儿，当海浪打来的时候，小灰雀总能迅速地飞起，他们拍打两三下翅膀就升入了天空；而海鸥总显得非常笨拙，它们从沙滩飞向天空总要很长时间，然而，真正能飞跃横过大洋的还是它们。”

“海鸥总显得非常笨拙，它们从沙滩飞向天空总要很长时间，然而，真正能飞跃横过大洋的还是它们。”平凡又怎样，不起眼又怎样，只要你努力，一样可以飞过大洋。当我们在讨论这个问题的时候，应该反思的是自己是否努力过，如果你连努力都不曾有，又何必抱怨这个社会太现实呢？

我们都听过龟兔赛跑的故事，兔子机灵，跑得快，它以为自己胜券在握，所以它安心地睡起了大觉。谁知道看起来慢吞吞的乌龟，却以自己百倍的努力以及坚持不懈的精神最先到达了终点。谁能笑到最后，还真是不一定。

大学毕业后，威廉的求职战役正式打响了，他向大部分知名企业投递了大概20多份简历。那真是一段不堪回首的岁月，他天天跑招聘会，但自己的努力却看不见任何回应，那些投递出去的简历石沉大海杳无音讯。好不容易有一家公司通知面试，但在找工作的路途上依然是曲折坎坷。

威廉在笔试上失意过，在群面时因插不上话而被刷掉，和许多求职的年轻人一样，他曾经历过低谷期，但他始终努力着。遇见太多糟糕的事情，他反而觉得一切都会慢慢好起来；情绪太过糟糕，他反而知道应该如何来梳理情绪；了解了自己的缺点之后，他反而知道什么工作才是最适合自己的。在每一次求职失败后，威廉都会反思自己的缺陷和不足，总结失败的经验，从来没有放弃过努力。

威廉说："天赋决定了一个人的上限，努力则决定了一个人的下限。"许多年轻人根本没有努力到可以拼搏天赋，就已经放弃了，威廉深知自己没有一步登天的天赋，所以只能用努力的时间来换取天分。

当然，最后威廉如愿找到了一份好工作，但这与他平时的努力是分不开的。

成功恰巧就是运气撞到了努力而已，努力永远不会有错，即便现在无法感受到努力的回报，但未来的一天你总会有用。

选择自己喜欢的事情，然后努力到坚持不下去为止，相信梦想，更要相信努力，因为遗憾比失败更可怕。当你在追逐梦想的时候，这个世界总会制造许多挫折与困难来阻挡你，残酷的现实会捆住你的手脚，但其实这些都不重要，重要的是你是否有努力到底的决心。

平庸并不可怕，可怕的是永远平庸。既然上帝没有给予天赋，那我们就用后天的努力来弥补。越努力越幸运，如果你觉得自己平凡，那就用努力换天分。当然，在这个过程中，我们要始终相信努力奋斗的意义，让未来的你，感谢现在拼命努力的自己。

坚持不懈可以让你在失去动力的时候帮助你继续你的行动，这样可以保持结果渐渐好转。坚持不懈最终会产生它的动机。仅需你保持你的努力，你最终就会得到回报，这个回报可以为你带来强大的动力。

做擅长的事，走熟悉的道路

扬长避短的做法不管在哪一个领域都有着非常现实的意义，每个人都有自己的闪光点，这也就是我们所谓的长处，是自己的优势所在，如果我们将它进行深度挖掘、投资，你会惊喜地发现，你的行动往往总是取得事半功倍的效果。

但现实生活中的很多人认为做自己应该做的事情就已经足

够多了，已经无暇分身再思考别的了，或者说做自己能做的事就行了，但事实是这仅仅是最无奈的选择和做法。知道自己最优越的能力，做自己最擅长的事，充分发挥自己所具备的素质和内涵，实现应有的自身与社会价值，这才是最明智之举。

在竞争的路上，那些具有灵性、聪明的人都知道寻找最合适的方法。做擅长的事，走熟悉的道路，这就是通向成功的捷径。走捷径会使你摆脱很多不必要的干扰，走捷径会使你觉得成功近在咫尺。

“万科”是国内一家著名的房地产公司，曾专注于房地产住宅的开发，在国内赫赫有名。在过去经济萧条、市场最艰难的时候，万科凭借自己的努力坚持下来了，但是当它迎来明媚的春天的时候，它却禁不住市场的诱惑，耐不住一时的寂寞，盲目地放弃了自己的特长，转移了业务，去做生命科学，去做IT项目，到头来竹篮打水一场空。这是万科董事长王石发自内心的忏悔。

离开了自己熟悉的地方，放弃了自己最擅长的事，在激烈的竞争中，往往就会败下阵来，拿自己的劣势跟别人的优势相抗衡，就像用鸡蛋去撞击石头，结果很惨重。

美国微软公司总裁比尔·盖茨有一句口头禅：“做自己最擅长的事。”这句话被众多的企业家认同。如果你留心那些成功人士，就会发现他们的一个共同特征：不论智商高低，也不论他们从事哪一种行业、担任何种职务，他们都在做自己最擅长的事。

在美国，一个关于成功的寓言故事至今广泛流传。看完这则寓言，或许你就会对“善用其长，不显其短”有更深的体会。为了给自己“充电”，森林里的动物们开办了一所学校，开学典礼的那天，来了许多动物，有小鸡、小鸭、小鸟，还有小兔、小山羊、小松鼠。学校为它们开设了5门课程，分别是唱歌、跳舞、跑步、爬山和游泳。第一天老师决定上跑步课，小兔子兴奋地在体育场跑满了一个来回，自豪地说，我能做好自己天生就喜欢做的事！可其他小动物，却有的撅着嘴，有的耷拉着脑袋……小兔回到家里对妈妈说，这所学校太好了我实在太喜欢了。第二天一大早，小兔子蹦蹦跳跳地来到学校。老师宣布今天上游泳课，这时小鸭子兴奋得一下跳进了水里。天生恐水的小兔子傻眼了，其它小动物也只能“望洋兴叹”。接下来，第三天是唱歌课，第四天是爬山课……，学校里每一天的课程，小动物们总是有擅长的与不擅长的。

这则寓言看似很普通、简单，但却蕴含了一个深刻的哲理.要成功，小兔子就应跑步，小鸭子就该游泳，小松鼠就得爬树。它的潜在寓意就是说，做自己最擅长的事情，最容易有所发展。

盖洛普名誉董事长唐纳德·克利夫顿曾说过：“在成功心理学看来，判断一个人是不是成功，最主要的是看他是否最大限度地发挥了自己的优势。”可往往有些人不在意这些事，觉得天底下没有自己干不了的事，没有自己做不成的行业，盲目地“挑战极限”，结果也不言而喻。

无论一个人具备多么好的天赋，多么高的智商，他也不会将所有能力收于囊中，难免存在优势与劣势，就才能而言，有人敏于感知，有人善于记忆，有人强于创造，有人思维活跃，有人逻辑缜密，有人判断客观，有人处事巧妙……既然人各有所长，也各有所短，那就应该处理好“长与短”的关系。但凡聪明的人，都会懂得“善用其长，不显其短”的道理。一般说，善取长弃短者，都能将自己的优势发挥到最大化，反之“舍长就短者”，便难以称之为智者。

能力是成功的资本，但对很多人来说，发现自己的能力即擅长做什么，是一个比较困难的事情。因为他们宁可相信别人，也不相信自己。其实，任何人都不必看轻自己，要相信自己是独一无二的。社会上大多数的人，只会羡慕别人，或者摹仿别人，很少有人去认清自己的专长，了解自己的潜能，然后锁定目标，全力以赴，因而不能够成大事，这种人只能怪罪自己。擅长来源于兴趣，如果没有兴趣，就不可能产生一种欲望对一个领域进行深入地了解和接触，当然也就不可能有这方面特长和经验的培养和积累。

每个人的优势不同，善于发掘自己的长处，做自己擅长的事，其实这就是属于你自己的一笔宝贵的财富，将优势发挥到最大化，不断给大脑充电，不断给予优势一定的营养，你会发现你正在将自己的财富升值。

第 11 章

所有的痛苦，都会带你上岸

人生总有我们想象不到的痛苦，有的人被痛苦吞噬，有的人却学会了在痛苦里游泳。其实，人生就是痛苦与快乐的交织，不是仅有痛苦，还会有穿插在其中的快乐。最后，所有的痛苦都会带你上岸。

你的每一分努力都有时光的见证

时光往往会把最好的留给最优秀的你。

尼采曾说：“如果你想走到高处，就要使用自己的两条腿！不要让别人把你抬到高处；不要坐在别人的背上和头上。”在这个过程中，你的每一分努力都有时光的见证，而时光会将那些最好的留给最优秀的你。一个人要想成就大事，从心底里感受到生命的充实，那就必须靠自己。所有的事实都证明：“一切靠自己”是最明智的人生理念。虽然年轻人可以靠父母和亲戚的庇护而成长，因爱人而得到幸福，但是不管怎么样，人生归根到底还是要靠自己的努力。

威廉·李卜克内西说：“才能的火花，常常在勤奋的磨石上迸发。”你是勤奋还是懒惰，时光会是最好的见证。如果一个人是勤奋的，那么他就拥有了成功的机会；如果一个人是懒惰的，那么他就一定不会成功的。勤勉和成功是互相制约的，虽然你的勤劳并不一定会给你带来成功，但是无论如何，每个人都要努力工作，因为这是得到成功的最基本的条件。

杨润丹说：“我一个女人在北京打拼，没有任何背景，没有任何关系，一开始赔光了很多钱，无数次地想背包回去不来了，那会我还生病，可是我想这么多人跟着你，人家把工作给你，就是相信你，所以，我只能成功，不能后退。”杨润丹，这就是一个耐力与勤勉并行的女子，她心中的那份认真与耕耘，最终因努力而换得了最好的奖赏。

许多年轻人想努力的时候，总会怀疑：我的努力是否会白费？我要不要这么拼命努力？他们总会担心自己的付出未能得到应有的回报。不过，年轻人，你努力了吗？努力才有可能成功，不努力连失败都不会临幸于你。持续为自己的梦想和人生努力吧，时光往往会把最好的留给最优秀的你。

许多年轻人觉得自己很平凡，能力很普通，先天条件的欠缺导致他们对自己丧失了信心，在他们看来，不管自己如何努力，最终都只会成为一个平庸的人。既然抱着这样的想法，他们就已经不想去努力，浑浑噩噩地生活着，甚至有的人选择了自甘堕落的生活。然而，年轻人浑然忘记了成功的路从来不是一帆风顺，许多人也曾迷茫过，也曾不知道未来究竟在哪里。但是，他们却以自己成功的经历告诉我们：相信梦想，梦想自然会回馈于你，努力比任何东西都来得真实，用坚韧换机遇，用时间换天分，哪怕走得很慢，但终会抵达。

眼睛所看到的地方，就是你会到达的地方

戴高乐将军曾说：“眼睛所看到的地方，就是你会到达的

地方，唯有伟大的人才能成就伟大的事，他们之所以伟大，就是因为他们决心要做出伟大的事。”

我们的命运都掌握在自己手中，如果我们想让命运绽放出如烟花般灿烂的辉煌，那完全在于我们自己的努力，而不在于上天的恩赐。假如我们较真，那就较真自己是否努力过，是否拼搏过，只有真正地努力、拼搏之后，我们才能缔造出自己命运的辉煌。

培根说：“智者创造的机会比他得到的机会要多。”“抓住机遇”这句口号在日常的生活中经常能够听到，有人说：“机遇青睐有准备的人。它不相信眼泪，它与怯弱、懒惰无缘。”也有人说：“机遇稍纵即逝，目光敏锐、勇敢果决者常常能获得它。”其实，机遇对任何人都是平等的，能不能抓住它，主动权在自己手里。机遇在人的一生中扮演着重要的角色。机遇无处不在。抱怨没有机会的人，实际上是不善于识别机会和发现机遇，他们总是在仰望远处的高山，却忽视了脚下的矿石。

不要总是抱怨没有好的机会降临在你身上，不要总想着会有兔子撞到你面前。成功的机会无处不在，关键在于你是否能紧紧地抓住。聪明的年轻人能从一件小事中得到大启示，有所感悟，化成成功的机会；而愚笨的人即使机会放在他面前也不知。

在生活中，我们不要被环境变化的表面现象所迷惑，只要认识到环境的变化会带来机会，细心观察市场动向，认真思考环境变化对经济发展的巨大影响，你就会找到成功的机会。

在经济萧条的年代，大多数人看到的只是眼前一派衰败的社会现实，很少有人从社会的大发展方面看待事情，因此与千载难逢的好机会失之交臂。卡耐基没有随大流，他从社会的不断变化中认识到，什么事都会有高潮和低谷，低谷过后，经济又会得到快速回升和发展。因此，他又向钢铁制造方面追加了投资。

经济大萧条很快就过去了，经济再次得到快速发展。当其他公司开始正常生产的时候，卡耐基已经抓住了主动权，公司生产的钢材和钢轨等在同等货源短缺的情况下被大量订购，他从中赚到了高额的利润。经过十几年的经营，他开始拥有垄断钢铁产业的实力，被人们誉为“钢铁大王”。

世界无时无刻不在发生着变化，而机会也就藏身于变化之中。社会发展是大环境，身边事物的变化是小环境，只要你能认识到环境的变化会产生出许多成功的机会，并细心地观察寻找，你就会发现能够改变一生的机会。

人生因努力而变得壮美如画

福楼拜说：“天才，无非是长久的忍耐。”我们以为天才就是光鲜亮丽地站在成功的金字塔上，却无法想象其背后的忍耐和艰辛。生活中那些看似刁难你、折磨你的人，往往能够造就你更快取得成功；看似折磨、煎熬你的环境，却总能历练出最后的强者。因此，在困境中，要懂得忍耐，持续努力下去。对于年轻人来说，如果你不愿让命运来主宰你的一切，但又没有扼住命运咽喉的本领时，切记，应当学会忍耐，注重积累。

谚语云："万事皆因忙中错，好人半自苦中来。"吃得苦中苦，方为人上人。要成就一件事情，须观察时机，等待因缘，急不得的。受苦忍耐是一种承担、一种处理、一种等候，也是对因缘的认识。许多事业有成者都在忍耐多次失败后，愈挫愈勇，最后取得成功。

内托刚从学校毕业，在一场招聘会上，他很走运地被一家石油公司看中。随即被总公司分配到一个海上油田工作。

工作的第一天，工长便要求他，要在限定时间内登上几十米高的钻井架，并将一个包装好的漂亮盒子，送到最顶层的主管手中。他拿着盒子，迅速登上又高又窄的舷梯。当他气喘吁吁地登上顶层后，只见主管在盒子上签了自己的名字，又让他送回去给工长。他一接到命令，连忙又快速地跑下舷梯，并把盒子交给工长。但是，没想到工长草草签完名字之后，又原封不动地交给他，要求他再送回去给顶层的主管。年轻人看了看工长，却又不知道要如何发问，只得乖乖地跑上顶层。然而，主管这回同样只在盒子上签名而已，便又要他送回去。

年轻人就这样来来回回，莫名其妙地上下跑了两次，心里隐约感觉到，这一切似乎是主管与工长故意刁难他。直到第三次，这个全身都被海水溅湿的年轻人，内心已经充满熊熊怒火，不过他仍然强忍着怒气。当他第三次将盒子送来给主管时，主管这回则说：“把它打开。”年轻人将盒子拆开后，里头居然是一罐咖啡与一罐奶精，这会儿他更可以确定，这是主管与工长联合起来欺负他。他愤怒地看着主管，但是主管仿佛一点也没感觉似的，接着又对他说：“去冲杯咖啡吧！”这个命令一下，年轻人再也忍不住了，用力把盒子摔到海面上，气愤地说：“我不干了！”说完之后，他感觉痛快许多，因为一肚子的怒火全部发泄出来了！但是，主管却失望地摇了摇头，并对他说：“孩子，你知道刚刚这一切，其实是一种训练啊！那叫做承受极限的训练，因为我们每天都在海上作业，随时都可能会遇到危险，因此，工作人员都必须要有极强的承受力，才有法子完成海上的作业与任务。”

主管叹了口气说：“唉！原本你前面三次都通过了，就差那么一点点，你无缘喝到自己冲泡的好咖啡，真是可惜！现在，你可以走了。”

俗话说：忍字头上一把刀，这把刀让你痛，也会让你痛定思痛。这把刀，可以磨平你的锐气，但也可以雕琢出你的勇气。百忍成钢，当你的心性修炼得有如镜子般明彻、流水般圆韧时；当你切切实实生活在不以物喜，不以己悲的宁静中时；当你发觉胸中不断流动着“虽千万人而吾往矣”般的勇气时，历经千锤百炼，你的刀也就炼成了。忍耐并非懦弱，只因你看得更远，有更大的追求。

年轻人幻想一夕有成，不如在艰难困苦当中忍耐，一旦时机成熟，必然水到渠成。宋人苏轼在《留侯论》中说："古之所谓豪杰之士者，必有过人之节，人情有所不能忍者。匹夫见辱，拔剑而起，挺身而斗，此不足为勇也。天下有大勇者，卒然临之而不惊，无故加之而不怒，此其有所挟持者甚大，而其志甚远也。"

新东方总裁俞敏洪在他的博客里讲过一个关于捡砖头的故事。俞敏洪的父亲是个木工，常帮别人建房子，每次建完房子，他都会把别人废弃不要的碎砖瓦捡回来，有时候父亲在路上走，看见路边有砖头或石块，他也会捡起来放在篮子里带回家。

时间长了，家里的院子就多出了一个乱七八糟的砖头碎瓦堆。直到有一天，俞敏洪的父亲在院子一角的小空地上开始左右测量，开沟挖槽，和泥砌墙，用那堆乱砖左拼右凑，建成了一个让全村人都羡慕的院子和猪舍。

当时俞敏洪只觉得父亲一个人就盖了一间房子，很了不起。长大后，俞敏洪才从一块砖头到一堆砖头，最后变成一间小房子中体悟到做成一件事情的全部奥秘。

"一块砖没有什么用，一堆砖也没有什么用，如果你心中没有一个造房子的梦想，拥有天下所有的砖头也是一堆废物；但如果只有造房子的梦想，而没有砖头，梦想也没法实现。"

家里穷得揭不开锅的时候，要不急不躁，学会忍耐，继续努力，要积攒足够的砖头来造心中的房子，捡砖头的精神后来就成为俞敏洪做事的指导思想。

罗曼·罗丹曾说："只有把抱怨别人和环境的心情，化为上进的力量才是成功的保证。"经受别人的考验、提升自身的张力，你才会在人头攒动的人海中脱颖而出。或许你仍在向往一帆风顺，可是面对现实的曲折的人生，所谓的一帆风顺只能是心灵的一种慰藉。坚信唯有奋斗不息才能够成为命运的主人，而在这一步步的努力中，你必须学会忍耐。

忍耐不是逆来顺受，不是消极颓废，也不是在沉默中悄然降下信念的帆。忍耐是当一根火柴燃烧到一半的时候，接受另一半炙热的煎熬。学会忍耐，挺起坚强的脊梁，用快乐和潇洒清扫尘灰般的意志，人生不论是低迷抑或是高涨，都将因努力而变得壮美如画。

梦是心灵的思想，是秘密真情

梦想对于每个人来说，它有一种巨大的魔力，能够不断地召唤着前进，寻找着心中的远方。无论自己的梦想是多么模糊，不管自己的梦想是多么的不可思议，年轻人都要听从心中梦想的召唤，紧紧跟随着它，坚持不懈地走下去，那梦想就会变成现实。“永不放弃”是梦想成真的信念，只有不懈地坚持，自己的梦想才能成就辉煌。有人认为，梦想是一种虚无缥缈的东西，并没有什么作用。其实，这种想法是错误的，梦想能够使人产生一种力量，一种信念，更重要的是，梦想能够成为现实。

马云最初梦想着创建阿里巴巴的时候，有人甚至讽刺他：“你要是能创建阿里巴巴，轮船都能开到喜马拉雅山上去。”然而，马云并没有放弃自己的梦想，他凭着不懈的精神，不但成功地创建了阿里巴巴，而且使阿里巴巴成为世界五大网站之一，最终到达了自己心中的远方。

也许，人内心也有着这样或那样的梦想，然而，在追逐梦想的过程中，挫折与困难无所不在，也很容易就会放弃，最终与梦想失之交臂。其实，梦想是年轻人生命中最珍贵的一部分，永不放弃自己的梦想，用心飞到梦想之地，让生命绽放别样的光芒。

黎巴嫩著名诗人纪伯伦曾说：“我宁可做人类中有梦想和完成梦想愿望的、最渺小的人，而不愿做一个最伟大的无梦想、无愿望的人。”人类最可贵的本能就是对未来充满梦想，我们不仅要种下梦想的种子，而且应该让梦想的种子长成参天大树。

中国探险家余纯顺在临行罗布泊时曾说：“我也许真的会失败，但我不能放弃这个梦想，就是失败，我也要当失败的英雄。”所以，不要放弃自己的梦想，用心灌溉，寻找心的远方，总有一天，梦想会变成现实。

梦想是未来的目标，是不懈奋斗的动力。在这个世界上，不管自己身在何处并不重要，重要的是我们应该朝着什么样的方向前进，一旦放弃了梦想，就意味着放弃了前进的方向。所以，怀揣着梦想前进吧，用心飞到自己的梦想之地！

一个人如果只在人们关注的地方用功，那就是虚伪的作假。不管在什么时候，人都应该保持本身，以真示人。对此，有人做过研究，实际上我们每个人都具备成为伟人的潜质，之所以没有成为伟人，是因为我们不过只用了10%的心智能力，而剩下的90%却一直不为我们知道。这其中最主要的原因就是人们不能保持自我，正确地认识自我，从而发挥自己的潜能。

“真实的东西总会打动人，就像那些花吧，虽然它会凋零，可是我们还是喜欢它是真的。那些假花，即使再好看，我们一样不喜欢”。其实在经过磨砺以后，我们才逐渐懂得了这个道理，在纷繁复杂的社会现象背后，我们稍不注意，眼睛就欺骗了自己，许多的人和事出现在眼前，哪个是真哪个是假，很难甄别。也许时间能够检验，假以时日，假象因为缺乏真实的基础而原形毕露，唯独有真实相伴。

在社会生活中，真与美之间是有区别和联系的。真，也就是一种客观事实，是事物的本质属性，是人们对于事物感知后一种理性的思考。美，是人们对于某种事物的客观感受在大脑中做出的一种反映，是一种感性的认识。美，一般是建立在真和善之上的，也就是说，美，一般是要符合真和善的。车尔尼雪夫斯基讲，美，是“生活”，就是说美在生活中是无处不在的，只是我们缺少发现美的眼睛罢了。美，是建立在对社会物质生活了解基础之上的，正如空中楼阁一样，美，是不可能建立在非物质基础之上的。所以，当人们对事物还不了解时也就无所谓美。

许多时候保持自我本色要比故意做作更能让人信赖，而这种信赖正是我们走向成功的基石。许多人都喜欢模仿别人，想让自己和别人不一样，他们希望自己能够跟上潮流，或是让自己散发出明星般的魅力。不过，这种模仿好像并没有给自己带来成功或是快乐，相反会让自己感到焦虑、痛苦，而且这种焦虑、痛苦是和失败联系在一起的。

对成功和快乐的渴望是人们模仿别人的出发点，不过事实已经证明这是一种十分不明智的做法。当任何一位因为模仿别人的人感到苦恼的时候，应该相信这样一句话：做你自己，那是最快乐的，也是最好的。

保持自我是一件相当重要的事情。假如你做不到，那么你永远都不可能成为一个快乐的人，因为你总是活在别人的影子里。有心理学家说：“保持自我这个问题几乎和人类的历史一样久远了，这是所有人的问题。”

其实，大多数精神、神经以及心理方面有问题的人，其潜在的致病原因往往都是因为不能保持自我。每个人都是这个世界上唯一的、崭新的自我，你确实应该为此感到高兴，因为没有人能够代替你。

人们应该把自己的天赋利用起来，因为所有的艺术归结都是一种自我的体现。你所唱的歌、跳的舞、画的画等，所有的都只能属于自己，而遗传基因、经验、环境等，一切都造就了一个具备个性的自己。

从此岸到彼岸，做自己心灵的舵手

很多人在刚刚步入社会时，大多拥有自己的想法，给自己设计了诸多条成就大事的道路。然而很多人没用多久，在压力及现实面前，高高地举起了双手，早早地屈服了。自己理想只存留于幻想中，甚至越来越不被提及。

曾有人形象地把人比作一条船。在人生的海洋中，有的人像无舵船，他们幻想能漂到一个富裕繁荣的港湾。而现实证实这多数是一种幻想和奢望。面对风浪海潮的起伏变化，他们束手无策，只能随波逐流，幸运的能漂进某个避风港，不幸者可能触礁或搁浅。但那些成功者，他们花时间研究计划、确定目标和航向，他们坚持走属于自己的路，从此岸到彼岸，有计划地行进，他们勇敢地做自己心灵的舵手。

理查德这位大学毕业的高材生，最令人诧异的一点，就是他没有成为哪个大企业的骨干，某个科研项目的专家，而是成了一个出类拔萃的油漆匠。

说起理查德，不得不提起他的父亲。这位从墨西哥偷渡过来的老一辈非法移民就是凭着一手好油漆活，在洛杉矶站住了脚。在一次大赦之后，这位老油漆匠拿到了绿卡，成了美国公民。

从小聪明又懂事的理查德经常在放学以后就帮助爸爸干油漆活。几年下来，理查德的手艺大有长进不说，而且有些方面还大有创新，连老爸都有点自叹不如。

理查德在校的学习成绩总是在全年级前三名，并且社区服务的记录也是全校最荣耀的，还获得过全美中学生美术展油画铜奖，这就使得他轻而易举地被哈佛大学录取了。

理查德在哈佛求学的过程中，成绩在班上总是名列前茅。但理查德每次来信，都要对星期天没法摸摸油漆活而大发牢骚。或者，就是盼着早点放假，回家来摆弄油漆。四年很快过去了，理查德虽然成绩优秀，但坚持不上研究院，而是在洛杉矶找到一份薪水蛮高而且非常体面的工作。

工作半年多，理查德的表现相当出色，但他心里总是不忘油漆活。有一次，公司的老板因为理查德工作优秀，就问他对公司有哪些看法，有些什么要求。理查德说，公司把有些部件拿到外面去做油漆不仅成本很高，而且质量也不理想，如果公司成立油漆部，就会很好解决这个问题。老板笑着说：“这谈何容易？买设备倒是小事，招聘优秀的油漆技师可不是一件容易的事情。”理查德说：“用不着招了，你面前就有一个。”于是，理查德把自己的经历同老板说了个明白，并且，还把招一些年轻人由他亲自培训的构想和老板进行了沟通。老板当即决定，成立油漆部，由理查德任经理兼技师。

理查德兴冲冲地告诉老爸自己提升了。当老爸知道儿子任油漆部经理时，半天没说出话来。虽然家里人一再规劝理查德三思而后行，但理查德坚持走自己的路。经过几年的努力，这个油漆部的工作非常出色，白宫有些用品都指定在这里加工。

许多事例证明，别人给予你的意见和评价，往往不是正确的。20世纪最伟大的科学家爱因斯坦4岁时才会说话，7岁才会认字。老师给他的评语是“反应迟钝，不合群，满脑袋不切实际的幻想”。享誉世界的音乐家贝多芬学拉小提琴时，技术并不高明，他宁可拉他自己作的曲子，也不肯做技巧的改善，他的老师说他绝不是个当作曲家的料。大文豪托尔斯泰读大学时因成绩太差而被劝退学。老师认为他“既没读书的头脑，又缺乏学习的兴趣”。如果以上诸位成功人士不是走自己的路，而是被别人的评论所左右，那他们就不会取得举世瞩目的成就。

几十年前，一位住在犹他州首府盐湖城的年轻人做了一件反常的事，令认识他的人大跌眼镜。在这之前，他因为工作勤勉努力，生活节俭有规律而被所有朋友称道。

他做了什么呢？原来他从银行中取出他的全部积蓄买了一

部新车，这还不是最“愚蠢”的，当他把新车开回家后，就在车库里动手拆卸汽车，车库里摆满了零零散散的汽车零件。他仔细检查了每个零件，然后又把汽车装好，这个行为重复了许多遍，人们对此感到大惑不解，嘲笑他是不是“疯了”。

几年后，那些嘲笑过这位年轻人的人们不得不承认他们错了，而这位年轻人具有明智的见识。他开始制造汽车了。他的产品领导了整个汽车工业，他还在汽车这个领域做了许多有价值的改进和革新，他成功了。这个当年反复拆装汽车的年轻人名叫沃尔特·珀西·克莱斯勒。

很多特立独行的成功者在走自己的道路的过程中，总会听到别人不同的意见，但他们对自己的信念始终坚定不移，当别人对你的行为抱有怀疑甚至是反对的态度时，坚持自我的意见，才能有更大的突破。

人活着并不是因为千篇一律而有所价值，那些伟人，都是拥有自己独特的思想，并坚持自己人生方向的人。如果你对自己选择的路不迷茫，持续努力，那未来一定会有所收获。

你不必过于在意别人的看法。用心思考，你会发现，几乎每一个成功的故事都源于一个伟大的想法，而故事的主人公无一例外地会遇到怀疑和困境。而他们的过人之处就在于能够使这些杂音在头脑中沉寂下来，让自己静静地倾听真正的声音。他们的“疯狂”并非真的盲目，其中蕴含着目的，蕴含着方法。

越是真理的就越是简单

古人曰："大道至简。"意思是，越是真理的就越是简单的。在我们的一生中，总会有许多的追求，许多的憧憬，甚至我们会面临许多的诱惑：或追求真理，或追求刻骨铭心的爱情，或追求理想的生活，或追求金钱，或追求名誉地位等，但太多的欲求是否会让我们的生命难以承受呢？生命之舟若是太过繁重，生命就不再是一个蓬勃向上和快乐进取的过程，而会成为一个痛苦无奈的延续，而一个在痛苦中挣扎的生命，无论拥有的东西再多，也都暗淡无光。

就像古人所说"大道至简"，其实，真正快乐的生活应该也是简单的，或者说，最简单的生活才是快乐的。当然，这种简单并不是贫乏或贫穷，而是繁华之后的一种追求，是一种去繁就简的境界。越简单越快乐，这确实是简单的真理，因为简单，我们的心很容易知足，哪怕是生活中一个细小的惊喜，我们也会变得快乐不已，这时快乐已经不再那么奢侈，而是很容易就能获得。

在宏村，有一位德高望重的老人，同时，他是一位医术精湛的老中医。他行医的宗旨是悬壶济世，解人疾苦。对于那些贫困的病人，他不仅免费医治，而且还给予精神安慰和金钱上的帮助。他在家乡行医了半个多世纪，积蓄颇为丰厚，于是他就在家乡开办了一座济老院，收留那些晚年生活无依无靠的老人，这个济老院完全是慈善性质的。

虽然，老人花了大笔的钱来办济老院，但他自己的生活却坚持一切从简的原则。在宏村行走，他常年穿戴的都是旧而干净的布衣布帽布鞋，这些衣物的历史都在三十年以上，宏村的人们很少见到他添置新的衣帽，平时家里人置办新的衣服给他，他也不穿，而是将这些崭新的衣服送给那些缺穿的人。在饮食上，他更是主张粗茶淡饭，以素食为主。生活如此之简单，但老人却生活得异常快乐，他闲来没事时就会去济老院陪那些老头老太太唠家常、叙往事。在老人七十岁的时候，他在济老院的前后种植了大片的竹子，等到他一百零一岁逝世时，竹子已经是郁郁葱葱，蔚然成林了。

后来，宏村的人为了纪念这位老人，专门在竹林前立碑，除了记述老人的生平事迹以外，还为这片竹林题下了“慈竹林”这三个大字。

简单的生活，首先应该有简单的心态。老中医舍得花大笔的钱来办济老院，做慈善事业，但并不意味着他在自己的生活中也是大手大脚，甚为讲究，相反，他自己的生活却是一切从简，一点也不烦琐。恰恰是因为这样的简单的心态，因而他更容易获得快乐，从而也获得了长寿。

美籍华裔数学家陈省身教授曾这样说道：“把奥妙变成常识，复杂变为简单，数学是一种奇妙有力、不可或缺的科学工具，人生也是一样，越是单纯的人，就越容易成功。简单既是思想，也是目的。人生是一种乐趣，一种创造。人生快乐，快乐人生，生活的动力就是不断寻找和发现乐趣。生命是否有意义，包括事业、家庭生活、健康长寿，等等，都和快乐有关。一个人一生中的时间是常数，应该集中精力做一些好事。”当交错复杂的生活变得简单，你会发现快乐也是比较容易获得的，因为我们心中已经无欲无求，在这样的心境下，自然就容易变得快乐。

追究简单极致的生活，需要适当控制自己的欲望，这些欲求当然是物质生活和人际交往这方面。而对于精神的追求，反而会更多。因为一个在物质和世俗关系方面追求很少的人，才可能有更多的时间去追求精神世界的丰富多彩。当然，欲望是难以克制，欲望本身也是有利有弊的。

有“度”的欲望是人生命的内在动力，是人们奋斗和追求事业成功的推动剂；但是，一旦超过了限度，人的欲望就好像一匹脱缰的野兽，最终会将一个人拖入无底的深渊。一个追求简单生活的人，他会心无旁骛，将那些引起自己烦恼的事物丢掉，不让它干扰自己的身心和脚步。简单使人快乐，简单生活是快乐的绝世法宝。

圣人做学问追求一种“大道至简”的境界，人活一生更应如此。为什么人们会不厌其烦、孜孜不倦地去追求那些看似风光，实际上令人身心疲惫的“负担”呢？皆因内心少了一份简单，少了一种简单的人生态度。与其困在财富、地位与成就的壁垒中迷惘，不如尝试以一颗简单的心，追求一种简单的生活。

参考文献

[1]墨陌. 别在该吃苦的年纪选择安逸[M]. 北京: 研究出版社, 2017.

[2]刘淑霞. 吃苦才是幸福[M]. 南昌: 百花洲文艺出版社, 2014.

[3]静文. 不吃苦, 不拼搏, 你要青春干什么[M]. 天津: 百花文艺出版社, 2019.

[4]刘仕祥. 人生设计与规划指南[M]. 深圳: 海天出版社, 2016.